北京理工大学"双一流"建设精品出版工程

Electronic Microscopy

电子显微分析

苏铁健 ◎ 编著

U0234954

北京理工大学出版社
BEIJING INSTITUTE OF TECHNOLOGY PRESS

内 容 简 介

本书作为学习电子显微分析技术的入门教材,主要介绍电子显微分析的基本原理、透射电镜的基本结构与性能、基本成像过程、透射电镜衍射花样的分析、透射电镜明场像、暗场像与高分辨像的分析、复杂衍射花样与图像的分析;扫描电镜的基本工作原理、二次电子像与背散射电子像的分析、扫描电镜波谱仪与能谱仪的介绍、背散射电子衍射花样的分析等等。主要适用对象是材料学科的本科生或研究生,也可用于化工、机械、生物、医学、地质、微电子、物理等专业的学习。

本书提供了大量动画将抽象的概念原理和复杂的过程以直观的方式展现出来,同时提供了很多独创的模拟性硬仿真实验,对读者理解书中的难点内容将有很大帮助。其配套教学仪器"透射电子显微镜模拟器",曾获得第九届北京市挑战杯大学生课外学术科技作品竞赛特等奖,第十五届全国大学生课外学术科技作品竞赛一等奖。

图书在版编目(CIP)数据

电子显微分析 / 苏铁健编著. -- 北京:北京理工大学出版社,2023.9

ISBN 978 - 7 - 5763 - 2896 - 7

Ⅰ. ①电… Ⅱ. ①苏… Ⅲ. ①电子显微镜分析 Ⅳ. ①O657.99

中国国家版本馆 CIP 数据核字(2023)第 174974 号

责任编辑:封 雪　　文案编辑:封 雪
责任校对:周瑞红　　责任印制:李志强

出版发行 / 北京理工大学出版社有限责任公司
社　　址 / 北京市丰台区四合庄路 6 号
邮　　编 / 100070
电　　话 / (010)68944439(学术售后服务热线)
网　　址 / http://www.bitpress.com.cn
版 印 次 / 2023 年 9 月第 1 版第 1 次印刷
印　　刷 / 保定市中画美凯印刷有限公司
开　　本 / 787 mm×1092 mm　1/16
印　　张 / 9
字　　数 / 151 千字
定　　价 / 42.00 元

PREFACE 前言

本书是北京理工大学"双一流"建设精品出版工程中电子显微分析课程的教材，它适合于本科生的电子显微学课程教学和非电子显微镜学专业人员参考。

对于材料应用者来说，材料的性能是关注的重点。对于材料研究者来说，材料的性能则是由材料的微观结构所决定的，因而材料微观分析是材料科学研究的基础，是研发高性能新材料的保障。电子显微分析方法具有超高空间分辨率和强大的综合分析本领，在各种材料微观分析方法中占据主导地位。

在各种材料微观分析方法中，电子显微分析原理抽象，仪器操作复杂，一直是学习和培训的难点。为此，本教材采用大量动画（以二维码形式出现）将抽象的概念原理和复杂的过程以直观的方式展示出来，在帮助学生理解、记忆和形成清晰认知结构方面作用很大。这在国内外同类课程并不多见。同时，本书独创性地提供了很多简单易行的辅助教学实验（基于透射电子显微镜模拟器——TEMS），以进一步帮助学生理解教材中的抽象原理和复杂过程。

透射电子显微镜模拟器用简单、形象而有趣的方式，展示透射电子显微分析的基本工作原理，模拟透射电镜的明场像、暗场像、高分辨晶格像及结构像、选区衍射等各种工作模式，展示材料的微观结构在正空间与倒空间的结构影像以及两种影像之间的相互关系。该设备由本书作者带领本科生研制而成，荣获了北京市第九届"挑战杯"大学生科技竞赛特等奖和全国第十五届"挑战杯"大学生课外学术科技作品竞赛一等奖。

与本书配套的数字化习题中也会有大量动画和图画的出现，这将考察和训练学生的观察分析能力、想象能力和直觉思维。数字化习题还可以自动地对提交的答案进行评阅、数据统计与分析。无论是习题形式还是习题内容，在国内外同类课程中都是独具特色的。作者可通过电子邮件（su@bit.edu.cn）向各位有需求的读者提供这些习题。

人工智能大模型（GPT）的出现，将深刻改变我们的学习和教育方式。将人工智能大模型引入教材编写，实现教材或课程的智能化，是教材数字化的必然趋势。这也是本书未来修订的目标。

由于编者学识有限，有不当之处，还望读者斧正。

苏铁健

2023 年 9 月于北京理工大学良乡校区

目　录
CONTENTS

第1章

电子显微镜发展简史

我们的身边有两个世界，一个是我们能够看到的世界，或者说，我们能够分辨的世界，我们叫作宏观世界（图1-1）。另外一个是我们看不到的、不能够分辨的世界，我们叫作微观世界（图1-2）。两个世界的尺度有很大的不同，但是它们的共同之处是，永远在不停地变化。宏观世界万物变化的规律，由牛顿力学来总结；而微观世界万物变化的规律，由量子力学来总结。

图1-1　宏观世界

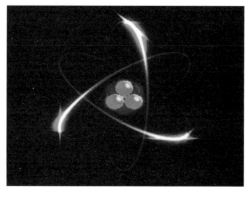

图1-2　微观世界

其实，宏观世界看到的，只是这个世界的表象；而微观世界看到的，才是这个世界的原因。我们采用各种手段去观测微观世界，就是为了寻找各种宏观现象背后的原因。

在微观世界里，所有的事物都是以波的形式存在（图1-3①）。因此，为了观测到微观世界的形貌，我们需要用到波，需要利用波与物体的相互作用。波长越短，能够观察到的细节越小（图1-4②）。所以，我们会用到X射线，用到高速电子。

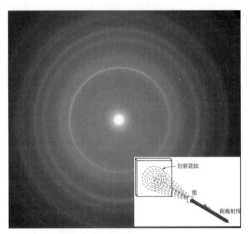

图1-3　电子的衍射现象

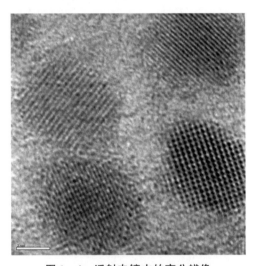

图1-4　透射电镜中的高分辨像

---

① 图1-3：1927年戴维孙和革末合作完成了用镍晶体对电子反射的衍射实验，验证de Broglie关于微观粒子具有波粒二象性的理论假说，奠定了现代量子物理学的实验基础，由此他们共同分享了1937年度诺贝尔物理学奖。

② 图1-4：这是高速电子与纳米尺寸的晶体相互作用后，再经过电子波的干涉而形成的原子尺度的晶格图像。图中每一个亮点，可以看作一列原子的投影像。

　　利用高速电子与物质的相互作用来观测物质的微观结构，是本课程的主要内容。它包括两大内容：透射电子显微分析与扫描电子显微分析。透射电子显微分析简称TEM，是其英语名称 Transmission Electron Microscopy 的首字母缩写，主要设备是透射电子显微镜，简称透射电镜（图 1 – 5），Transmission Electron Microscope，英文简称也是TEM。扫描电子显微分析简称 SEM，是其英语名称 Scanning Electron Microscopy 的首字母缩写，主要设备是扫描电子显微镜，简称扫描电镜（图 1 – 6），Scanning Electron Microscope，英文亦简称为 SEM。

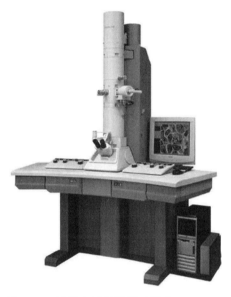

图 1 – 5　透射电子显微镜（日立 H – 7650）

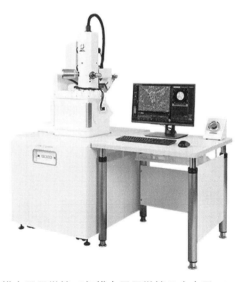

图 1 – 6　扫描电子显微镜（扫描电子显微镜日本电子 JSM – IT500HR）

现代电子显微分析方法具备形貌观察、元素分析、元素价态分析、物相分析等综合分析能力，在上述各个功能方面还具备高达原子级别的空间分辨能力，因此成为当今最重要的材料微观结构观测方法。

电子显微镜的发展历史

20 世纪 20 年代，法国科学家德布罗意（图 1-7）发现电子也具有波动性，其波长与能量有确定关系，能量越大波长越短，比如电子学 1 000 V 的电场加速后其波长是 0.388 Å[①]，用 10 万 V 电场加速后波长只有 0.038 7 Å，于是科学家们就想到是否可以用电子束来代替光波？这是电子显微镜即将诞生的一个先兆。德布罗意也因其物质波理论的创立获得 1929 年度诺贝尔物理学奖。

图 1-7 路易·德布罗意（1892—1989）

用电子束来制造显微镜，关键是找到能使电子束聚焦的透镜，但光学透镜是无法会聚电子束的。1926 年，德国科学家蒲许提出了关于电子在磁场中运动的理论（图 1-8）。他指出，具有轴对称性的磁场对电子束来说起着透镜的作用。这样，蒲许就从理论上解决了电子显微镜的透镜问题，因为对电子束来说，磁场显示出透镜的作用，所以称为"磁透镜"。

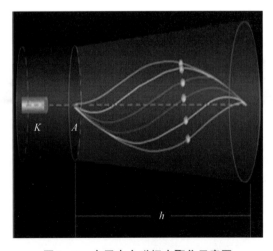

图 1-8 电子束在磁场中聚焦示意图

---

① 1 Å = 0.1 nm。

1932 年，柏林科工大学压力实验室的年轻研究员卢斯卡（图 1 - 9）和克诺尔对阴极射线示波器做了一些改进，利用它成功地得到了铜网的放大像——第一次由电子束形成的图像（图 1 - 10），加速电压为 7 万 V，最初放大率仅为 12 倍。尽管放大率微不足道，但它却证实了使用电子束和电子透镜可形成与光学像相同的电子像。

图 1 - 9 厄恩斯特·卢斯卡
（1906—1988）

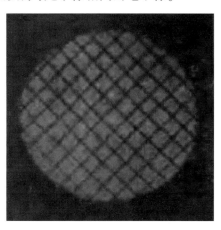

图 1 - 10 由卢斯卡拍摄的放大 12 倍的
电子铜网图像

经过不断的改进，1933 年卢斯卡制成了二级放大的电子显微镜，获得了金属箔和纤维的 1 万倍的放大像。

1937 年应西门子公司的邀请，卢斯卡建立了超显微镜学实验室（图 1 - 11）。1939 年西门子公司制造出分辨本领达到 30 Å 的世界上最早的实用电子显微镜，并投入批量生产（图 1 - 12）。

图 1 - 11 卢斯卡（左）与助手安装电子显微镜

因为对电子显微镜发明和发展的贡献，卢斯卡获得 1986 年度诺贝尔物理学奖

在透射电镜的基础上，德国学者诺尔首次提出扫描电子显微镜的概念。1952 年，剑桥大学 Oatley 和 Mcmucllan 作了第一台扫描电子显微镜。

1965 年，剑桥大学推出第一台商用扫描电子显微镜。

1966 年，日本 JEOL 推出第一台商用扫描电子显微镜（JSM-1）

1960 年代，透射电子显微镜的加速电压越来越高，电子能够透视越来越厚的物质。这个时期电子显微镜达到了可以分辨原子的能力。

图 1-12　第一台商用电子显微镜

20 世纪 70 年代初形成了高分辨电子显微学（HREM），是在原子尺度上直接观察分析物质微观结构的学科。计算机图像处理的引入使其进一步向超高分辨率和定量化方向发展，同时也开辟了一些崭新的应用领域。例如，英国医学研究委员会分子生物实验室的 A. Klug 博士等发展了一套重构物体三维结构的高分辨图像处理技术，为分子生物学开拓了一个崭新的领域。因而获得了 1982 年度诺贝尔奖化学奖。

20 世纪 80 年代初，雅克·杜博歇（现为瑞士洛桑大学荣誉教授，图 1-13）领导的研究团队发明了一种利用液态乙烷快速冷冻蛋白质溶液的方法，使得分子在被电子击中时仍能保持相对静止。这种方法使得科研人员能用电子显微镜解析出比以前更高分辨率的蛋白质结构（图 1-14）。因为该冷冻电镜技术的发明，雅克·杜博歇获得了 2017 年度诺贝尔化学奖。

图 1-13　雅克·杜博歇（1942—）

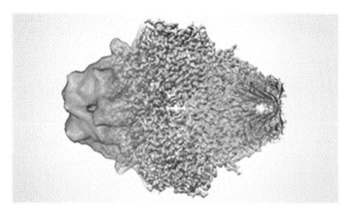

图 1 – 14　运用冷冻电镜技术对蛋白质进行成像，比如这个 β – 半乳糖苷酶，

得到的图像从左边的低分辨率密度图前进到了右边的原子坐标图

1990 年代以来，电脑越来越多地用于电子显微镜的图像分析，同时使用电脑也可以控制越来越复杂的透镜系统，使得电子显微镜的操作越来越简单。

现代电镜由于场发射枪技术、超高压技术、电磁透镜的球差校正技术的发展，空间分辨率已达到 <0.1 nm 的水平（图 1 – 15），同时利用能谱技术、使兼具放大成像、物相分析、元素分析、元素价态分析等综合能力，在材料学、医学、生物学、物理学、化学、地质学等广泛领域发挥越来越大的作用。视频 1 – 1[①] 展示的是日立公司研制的高性能现代电子显微镜。

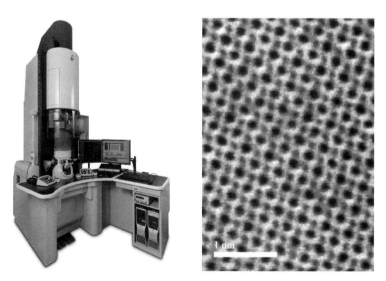

图 1 – 15　先进的球差矫正电镜及其所成的原子图像

---

① 视频 1 – 1：https：//www.bilibili.com/video/BV1qx41127Qz？t=0.0

中国的电子显微镜发展历史

国内很早就研究和开发了高性能电子显微镜（视频 1 – 2①）。1958 年，中国科学院电子研究所学者黄兰友、江钧基与长春光机所工程师王宏义和两个刚毕业的大学生林太基、朱焕文，共同研制成功中国第一台透射电子显微镜，型号为 DX – 100（Ⅰ）中型透射电子显微镜（图 1 – 16）。该电镜指标为高压 50 kV，分辨率 100 Å。该型号电镜交给南京教学仪器厂（现江南光学仪器厂）生产。

1959 年，DX – 100（Ⅱ）大型透射式电子显微镜研制成功。指标为高压 100 kV，分辨率 25 Å，放大倍数 10 万倍。该型号电镜交给上海精密医疗机械厂（现上海电子光学技术研究所）生产。

1964 年，上海电子光学技术研究所研制的 DXA2 – 8 型电子显微镜达到 20 Å。

1965 年，中国科学院北京科仪厂（现北京中科科仪技术发展有限责任公司）试制成功 DX – 2 大型透射电子显微镜，该电镜的点分辩本领为 5 Å，电子光学放大可达 25 万倍以上，主要性能指标已达到国际先进水平。

1979 年，中国科学院北京科仪厂研制成功 DX – 4 高分辨大型透射式电子显微镜（图 1 – 17），分辨率为 3.4 Å（石墨化碳黑）的晶格条纹，放大倍数从 $700 \times$ 至 $600000 \times$ 倍，高压稳定度为 $4.7 \times 10^{-6}/min$；物镜电流稳定度：$2 \times 10^{-6}/min$。

图 1 – 16　中国第一台透射电子显微镜

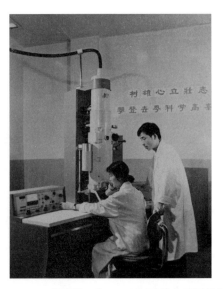

图 1 – 17　中国第一台 60 万倍透射电子显微镜

---

① 视频 1 – 2：https://www.bilibili.com/video/BV19T4y1K7gF？t = 0.0

1980 年，中国科学院北京科仪厂引进美国技术，开发 KYKY1000B 扫描电镜。该电镜在 1985 年投入生产，并获得 1988 年国家科技进步奖二等奖。

1988 年，中国科学院北京科仪厂研制成功 LaB_6 阴极电子枪，使 KYKY1000B 扫描电镜的分辨本领由 6 nm 提高到 4 nm。

目前国产扫描电子显微镜品牌包括北京中科科仪技术发展有限责任公司的 KYKY 系列（图 1 - 18）和国仪量子（合肥）技术有限公司的 SEM3100（视频 1 - 3[①]，图 1 - 19），但在国内所占市场份额很小（仅 5% ~ 10%），并且技术指标和国外主流有一定的差距，正是如此，我国每一年都需要从美日德等国进口上亿美元的扫描电镜。

"要想成为科研强国，必须首先成为仪器强国。"科研仪器的国产化得到国家的高度重视，2011 年，"国家重大科研仪器设备研制专项"和"国家重大科学仪器设备开发专项"设立，分别由国家自然科学基金委和科技部管理，一个负责原创性的仪器研究，一个负责工程化和产业化。2011—2018 年，国家自然科学基金委资助来自中央有关部门推荐、经费体量在 1 000 万元以上的重大科研仪器项目 53 项，批准资助金额 38.14 亿元；资助全国科研工作者自由申请、经费体量在 1 000 万元以下的重大科研仪器项目 466 项，批准资助金额 32.03 亿元；两类项目合计资助经费超过 70 亿元。在国家持续加大支持力度的情况下，有关各方携手攻坚、持续努力，高端科研仪器国产化值得期待。

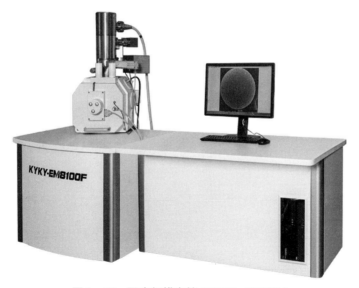

图 1 - 18　国产扫描电镜 KYKY - EM8100

---

① 视频 1 - 3：https://www.bilibili.com/video/BV1Hg4y1T7hr？t = 0.0

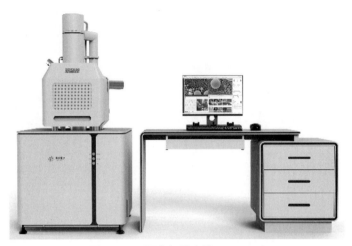

图 1 − 19   国产扫描电镜 SEM3100

第 2 章

透射电子显微分析

2.1 概述

本节将讨论以下内容：①什么是材料的微观结构；②微观结构的观测方法；③微观结构观测的重要设备——透射电镜的简介。

在讨论什么是材料的微观结构之前，我们先来讨论什么是材料科学与工程这门学科的基本内容，然后分别讨论结构材料和功能材料的微观结构的基本内容。

通常说，材料科学与工程的四要素包括化学成分、组织结构、加工工艺、性能等。如果我们把材料的化学成分与组织结构合并，称为材料的结构，那么材料科学与工程专业学习和研究的基本内容是材料的性能、结构与工艺之间关系的知识和理论。

材料的性能是宏观的，我们称为宏观性能。材料的结构是微观的，我们称为微观结构。宏观性能是材料的外在表现，微观结构是材料性能的内在原因。也就是说，我们需要材料所具备的性能，是由材料的微观结构所决定的；或者说，宏观性能只是表象，微观结构才是本质。科学研究的目的是为了研究一切现象背后的原因和本质。所以，材料微观结构分析是材料科研工作者的一项非常重要的工作内容。

材料根据用途，可分为结构材料和功能材料两大类。结构材料主要用来承受载荷以及传递载荷，我们主要利用它们的力学性能来制造桥梁、建筑、机械零部件等结构件。这类材料的力学性能（图 2-1），包括各种强度、硬度、塑性和韧性指标，它们与材料中各种元素、各种相、各种晶体缺陷的种类与含量有关，特别是晶体缺陷。所以，这一类材料的微观结构，主要内容是各种元素、各种相、各种晶体缺陷的种类与含量，特别是材料中各个相晶粒的尺寸、形状、分布及其晶体缺陷的密度与分布状况，也就是通常所说的显微组织（图 2-2）。

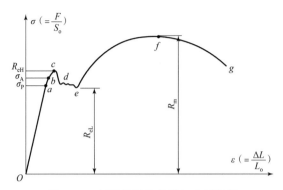

图 2-1　材料的拉伸曲线与力学性能

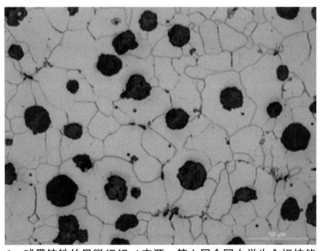

图 2-2　球墨铸铁的显微组织（来源：第六届全国大学生金相技能大赛）

功能材料用在需要它们的特殊的声、光、电、热、磁学等性能的场合，主要利用它们的一些特殊物理性能，如导电性、介电性、磁性等性能。材料的物理性能与材料中微观粒子（如原子、电子）它们的空间分布（图 2-3）、能量分布、动量或角动量分布，以及能量和动量或角动量关系密切相关。所以，功能材料的微观结构，内容主要包

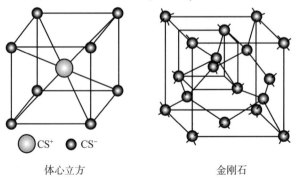

图 2-3　晶体中原子的空间分布（晶格模型）

括材料中原子、电子等微观粒子的空间分布、能量分布、动量或角动量分布，以及能量和动量或角动量的关系（图 2 - 4）。

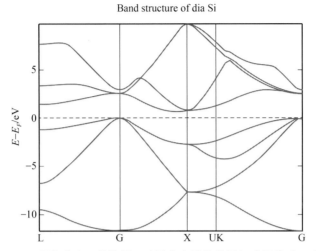

图 2 - 4　晶体中电子的能量、动量分布及其能量与动量关系（硅）

如前所述，材料的微观结构观测内容包括元素组成（化学成分）、相组成、组织形貌，以及原子的空间排布状况（如晶格类型和晶格参数）、原子和电子的能量和动量（如能带结构）等。下面简单讨论各个内容的分析检测方法。

化学成分或者说元素的检测方法　包括各种光谱法和能谱法，如原子光谱法，包括原子发射光谱法 AES（Atomic Emission Spectroscopy）、原子吸收光谱法 AAS（Atomic Absorption Spectroscopy）、原子荧光光谱 AFS（Atomic fluorescence spectroscopy）等等，还 有 光 电 子 能 谱 法，包 括 X 射 线 光 电 子 能 谱 法 XPS（X - Ray Photoelectron Spectroscopy）、紫外光电子能谱法 UPS（Ultraviolet Photoelectron Spectroscopy）、俄歇电子能谱法 AES（Auger electron spectroscopy）等等。因为它们的英文名称都带有 spectroscopy，我们可以统称为 S 法。

物相的检测　即晶体结构的检测。主要采用各种衍射方法，如 X 射线衍射 XRD（X - ray Diffraction）、电子衍射 ED（Electron Diffraction）、中子衍射 ND（Neutron Diffraction）等。因为它们的英文名称都带有 diffraction，我们可以统称为 D 法。

组织形貌的观察　主要采用各种显微镜成像，它们包括光学显微镜 OM（Optical Microscope）、透射电子显微镜 TEM（Transmission Electron Microscope）、扫描电子显微镜 SEM（Scanning Electron Microscope），还有原子力显微镜 AFM（Atomic Force Microscope）、扫描隧道显微镜 STM（Scanning Tunneling Microscope）等等。因为它们的英文名称都带有 microscope，我们可以统称为 M 法。

一般的材料微观结构检测仪器，如各种光谱仪、能谱仪、X射线衍射谱仪、光学显微镜等等，功能比较单一，只能进行元素成分的检测，或者晶体结构的检测，或者仅仅是组织形貌的观察，但是透射电子显微镜将上述功能聚于一身，并且能对材料的形貌、晶体结构、成分、电子结构等微观结构要素，原位地、一一对应地进行分析，而且具有原子级别的超高空间分辨率。

透射电子显微镜的超高空间分辨率来自它采用波长极短的高速电子束作为照明束。我们知道，采用透镜来成像的显微镜，由于衍射效应，空间分辨率的极限大约是照明束波长的一半，这意味着采用可见光为照明束的光学显微镜，它的分辨率最高为200 nm，大约等于紫色光的波长的一半。这对于尺寸为0.1 nm量级的原子，这样的分辨率显然是远远不够的。如果采用波长很短的X射线，又很难找到能对X射线聚焦的物质做透镜。如果我们采用电子束作为照明束，利用它的波粒二象性，当电子被很高的电压加速之后，会获得极短的波长，比如加速电压在100~1 000 kV的时候，电子波的波长可以达到0.003 71~0.000 87 nm，比可见光短了约5个数量级。当电子束被旋转对称、非均匀的静电场或者磁场聚焦之后，将具有超高分辨率成像并放大的能力。

从基本结构上来看，透射电子显微镜就是一个放大镜＋一个可变焦的"照相机"。照相机对放大镜的像平面对焦（照相机的物平面与放大镜像平面重合），将拍摄到样品的形貌像，这是普通光学显微镜的成像模式。但是透射电镜的"照相机"常常对放大镜的焦平面对焦（照相机的物平面与放大镜焦平面重合），这个时候将拍摄到样品的衍射花样，这种工作模式称为衍射模式。

成像模式下，我们看到的是样品材料在正空间的结构影像（图2-5）。正空间，或者说实空间（real space），度量其空间大小采用长度单位，如图中的"nm"。正空间的结构影像，用英语称为"real image"。

而衍射模式下，我们看到的是样品材料在倒空间的结构影像（图2-6）。而倒空间，或者说倒易空间（reciprocal space），度量其空间大小采用长度单位的倒数，如图中的纳米分之一（1/nm），因此而称为倒空间。倒空间的结构影像，例如图中的衍射花样，用英语称为"reciprocal image"。

倒空间在晶体学、固体物理学、量子力学中是一个非常重要的空间，在这个空间里，材料的微观结构与材料物理性能的关系非常简单明了，用到的数学也会变得非常简单。在科学上，简单即真理。在倒空间里，隐藏着材料的密码，也隐藏着这个世界的秘密。

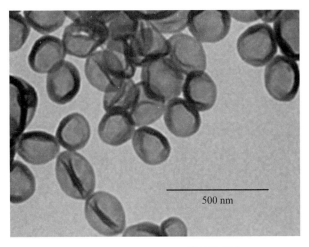

图 2 – 5　材料在正空间的结构影像

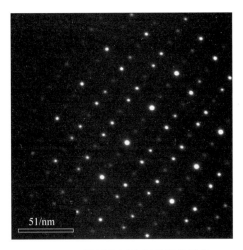

图 2 – 6　材料在倒空间的结构影像

2.2　透射电镜的基本成像过程

本节讨论透射电镜的基本成像过程（视频 2 – 1）。

在讨论之前，先展示这样一组照片（图 2 – 7）。这是一张天文望远镜拍摄的星空照片，就像我们在晴朗的夏夜看到的一样，无数的星星点亮我们的夜空，激发我们的无限的遐想。其实，让我们的望远镜对每一个亮点放大，我们会发现它并不是一颗星星，而是无数颗星星组成的星系（图 2 – 8）。我们看到的星空，恰似透射电镜的衍射图，星空的每一

视频 2 – 1
透射电镜 –
基本成像过程

个亮点，也许就是整个宇宙的一个像。而衍射图中的每一个亮点，都包含样品的一个像。

图 2 - 7　哈勃望远镜中的星空

图 2 - 8　星空中的星系

下面讨论透射电镜的工作过程。

在学习透射电镜的基本成像过程之前，请观看视频 2 - 2。该视频将对你理解后续内容有极大帮助。

在图 2 - 9（a）所示的透射电镜试样中，对电子束透明的薄膜（比如碳膜）上有两个椭圆形薄晶体颗粒。用一束平行电子束去照射该试样，一部分电子穿过样品后运动方向不变，这是透射束。穿过两个晶体颗粒的电子中，会有一部分电子的运动方向变化，形成另外的电子束，

视频 2 - 2
透射电镜的
基本成像过程
（光栅衍射模拟）

我们称为衍射束。比如图中左侧晶体颗粒可能发射一束向左下方传播的衍射束，右侧晶体颗粒可能发射一束向右下方传播的衍射束。注意，由于两个晶体颗粒的衍射，晶体颗粒下方的透射束强度会削弱。

如果我们把荧光屏放在虚线位置（图 2 – 9 (b)），那么荧光屏上显示的图像如图 2 – 9 (b) 右上角图像所示，图像中碳膜区域很亮，晶体颗粒的区域比较暗。

如果我们把荧光屏放在图 2 – 9 (c) 的虚线位置，那么荧光屏上显示的图像中，只有左边的晶粒区域是明亮的，其他区域都是暗的。

如果我们把荧光屏放在图 2 – 9 (d) 的虚线位置，那么荧光屏上显示的图像中，只有右边的晶粒区域是明亮的，而其他区域都是暗的。

如果有这样一个足够大的荧光屏（图 2 – 9 (e)），那么荧光屏上会显示什么图像呢？

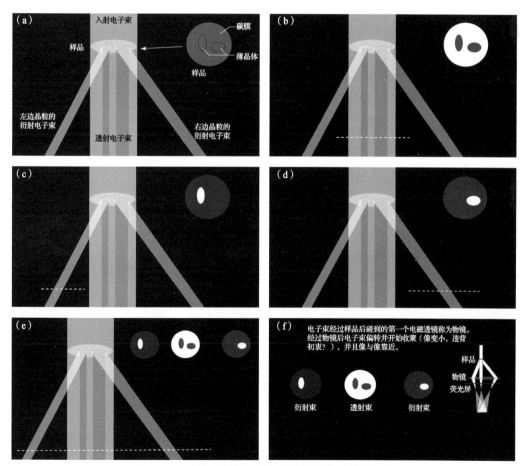

图 2 – 9　透射电镜中电子束在晶体中的透射与衍射

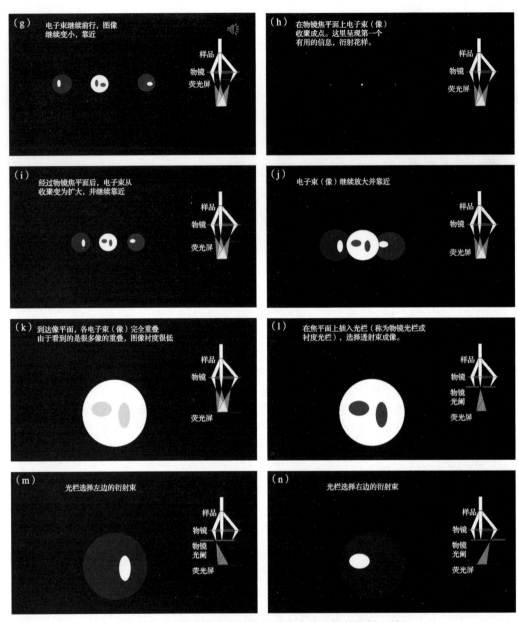

图2-9　透射电镜中电子束在晶体中的透射与衍射（续）

它会是图2-9（e）右上部分显示的图像。该图像中会出现三个不同的样品图像，左边的样品图像中只有左边的晶体颗粒是明亮的，中间的样品图像中只有碳膜区域是明亮的，右边的样品图像中只有右边的晶体颗粒是明亮的。似乎这样简单的操作，我们就得到了样品的像。但是实际问题是，这样的像太小了。我们需要把它放大。要让它放大，我们首先想到了透镜。这种透镜要让电子束经过它时发生会聚。

要让电子束会聚，首先必须要让电子运动方向发生偏转。要让电子偏转就必须给它施加力。那么作用于电子的力有哪些类型呢？有两种类型，一是静电场力，二是"动电场力"（正式名称是"洛伦兹力"）。这就要求电子通过电场或者磁场。但是一般的电场或者磁场，比如匀强电场或者匀强磁场，虽然能够让电子运动方向变化，但是不会能让它们会聚。能够让它们会聚的则是某种轴对称的非均匀静电场或磁场。这样的轴对称的非均匀电场和磁场分别称为静电透镜和磁透镜。如果磁透镜的磁场由电磁线圈通电后产生，这样的磁透镜称为"电磁透镜"（视频 2-3）。电磁透镜的焦距可以很方便地通过改变线圈电流而改变，是透射电镜的主角。

为了放大图像，我们在样品下面放一个电磁透镜，称为物镜。这些电子束，包括透射束和衍射束，经过透镜后开始会聚。如果在光路上虚线处放置荧光屏，如图 2-9（f）所示，我们可以看到这样的图像。图中图像似乎没有放大，反而更小了。其实，透镜采用的是以退为进的策略。

视频 2-3
电磁透镜
聚焦原理

电子束继续向前走，所携带图像继续变小，图像之间继续靠近（图 2-9（g））。

当电子束到达物镜的焦平面，也就是后焦面上，图像几乎缩成一点（图 2-9（h））。我们看不到图像中的结构，我们注意到的，是这些点的排列。这就是衍射花样，是透镜为我们提供的第一个有用的结构信息。

电子束通过焦平面后继续前进，在图 2-9（i）中虚线所在的这个位置，我们看到这样的图像，各个亮点又变成了各个样品图像，但是图像和以前对比有了 180 度旋转，左边晶粒来到右边的位置，右边晶粒来到左边的位置。当然对于电磁透镜，图像的旋转角度不一定是 180°。

电子继续前进，我们看到越来越大、越来越靠拢的图像（图 2-9（j））。

当电子束走到这个位置（图 2-9（k）），这三个图像完全重叠。这就是物镜的像平面。在像平面上，图像虽然放大了，但我们看到的几乎是一片空白，衬度很低。这是因为衍射束中图像的明亮部分填充了透射束中图像的黑暗部分。

为了看清样品中的细节，在焦平面上插入一个光阑（称为物镜光阑或者衬度光阑，如图 2-9（l）所示），让光阑孔仅选择其中一束电子束让它下去在像平面上成像，其他电子束被挡住。例如选择了中间的透射束，我们会看到一个放大的透射束中的图像。

如果光阑孔选择左边的衍射束（图 2-9（m）），那么我们看到这样一幅图像，这是左边衍射束中的图像。

如果光阑孔选择右边的衍射束，我们会看到右边衍射束中的图像（图 2-9（m））。

对于透射电镜，在物镜像平面之下，还需要放一组电磁透镜，如图 2-10 所示，它们类似一个可变焦的照相机，对焦位置如红色虚线所示。如果对焦位置在物镜焦平面，我们看到的是衍射花样，就像夏夜的星空。这种操作模式称为衍射模式。如果对焦位置在物镜的像平面，我们看到的是样品的图像，就像每束星光中的星系。这种操作模式称为成像模式。如果成像模式下在焦平面上没有插入物镜光阑，我们看到的是一片空白，就像宇宙的本源。如果在成像模式下插入物镜光阑选择了其中一束电子束，我们将看到样品中清晰的结构细节，就像混沌初开的宇宙；如果选择透射束，这是明场模式，它让背景显白；如果选择衍射束，这是暗场模式，它让观察对象显白。

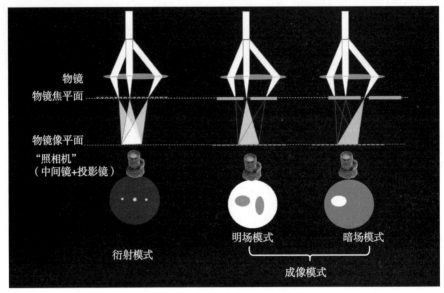

图 2-10　透射电镜的工作模式

与明场模式相比，暗场模式的优势是衬度较高，同时也是晶体结构分析常用的技术手段。暗场模式通常有三大类，前面的暗场模式称为一般暗场模式或普通暗场模式，除此之外，还有中心暗场模式和弱束暗场模式，具体区别如下（视频 2-4）：

视频 2-4
明场、一般暗场、中心暗场、弱束暗场

1）一般暗场像：在入射束延光轴入射的条件下，不倾转光路，用物镜光阑直接套住衍射斑所得到的暗场像，就是一般暗场像。一般暗场像利用的衍射束不通过透镜中心（离轴光束），因而图像可能产生一定的球差。

2）中心暗场像：为了消除物镜球差的影响，借助于偏转线圈倾转入射束，使衍射束与光轴平行，然后用物镜光阑套住位于中心的衍射斑所成的暗场像称之为中心暗场像；中心暗场像能够得到较好的衬度，还能保证图像的分辨率不会因为球差影响而变差。

3）弱束暗场像：弱束暗场像严格地讲也是属于中心暗场像，所不同的是：中心暗场像是在双光束[①]条件下用 g：−g 的成像条件成像[②]；而弱束暗场像是在双光束的条件下用 g：3 g 的成像条件成像[③]。

2.3　透射电镜的基本结构

首先，我们简单回顾一下透射电镜的基本操作模式。如视频 2−5 所示，一束平行电子束照射晶体样品后，分解成中心透射束与若干衍射束，这些电子束经过电磁透镜后，在透镜的后焦面上形成样品的衍射花样或者说倒空间的结构影像，在像平面上形成样品的图像或者说正空间的结构影像，透镜像平面下还有一组电磁透镜组，透镜组物平面与物镜后焦面上重合，则在荧光屏上看到放大的衍射花样；透镜组物平面与物镜像平面重合，则在荧光屏上看到放大的样品结构图像。可见，透射电镜的基本结构包括一组电磁透镜，样品下面第一个电磁透镜称为物镜；物镜下面的透镜组，包括 1 个或 2 个中间镜，加上 1 个到 2 个投影镜。另外，明暗场操作需要在物镜后焦面上放一个可移动的光阑，称为物镜光阑或者衬度光阑；选区衍射操作需要在物镜像平面上放一个可移动的光阑，称为选区光阑。我们还需要荧光屏将电子信号转化为我们可见的光信号，让我们在荧光屏上看到样品的结构影像；以及 CCD 将电子信号转换为数字信号在计算机屏幕上显示样品结构影像。

视频 2−5
透射电镜的
基本结构

物镜、中间镜、投影镜等构成电镜的成像系统（图 2−11），是电镜的核心部分。其中物镜是强激磁、短焦距、放大倍数为 100～300 倍的高放大倍数的电磁透镜。

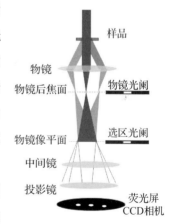

图 2−11　电镜的成像系统

它用于聚焦成像，将样品的结构影像第一次放大；中间镜是一个弱激磁、长焦距、放大倍数为 0～20 倍的电磁透镜，由 1 到 2 个电磁透镜组成。它用来控制电镜的工作模

---

①　双光束条件：在单晶衍射情况下，通过倾转样品，使衍射花样尽量只有两个亮点，一个为透射束，另一个为某一晶面的衍射束 g，其余衍射点均很暗，几乎看不见，此时即达到双束条件。

②　g：−g 成像条件：欲观察衍射斑点 g 中的图像，倾斜入射束（移动透射斑点）直到与衍射斑点 g 呈中心对称的衍射斑点（记为−g）通过中心的光阑孔（即让衍射束−g 沿着光轴方向）。

③　g：3 g 成像条件：欲观察衍射斑点 g 中的图像，倾斜入射束（移动透射斑点）直到衍射斑点 g 通过中心的光阑孔（即让衍射束 g 沿着光轴方向）。

式，通过它的物平面的调整选择衍射或成像模式并将样品的结构第二次放大；投影镜是强激磁、短焦距、放大倍数在 100 倍左右，由 1 到 2 个透镜组成，将中间镜所成影像第三次放大，投影到荧光屏或 CCD 上。物镜、中间镜、投影镜，以及物镜后焦面上物镜光阑，物镜像平面上的选区光阑，构成电镜成像系统的重要部分。成像系统所成的放大的电子图像最终在荧光屏上显示出来，或者通过 CCD 转化为数字图像在电脑屏幕上显示出来。

　　成像系统形成的图像的质量，与样品上的照明电子束有关。如图 2 – 12 所示，样品的照明电子束，由电子枪提供，通过聚光镜调整。以热发射电子枪为例，它的重要部件包括灯丝、带孔的栅极、阳极组成。阳极接地，电位 =0；灯丝是阴极，工作时要加上 100～1 000 kV 的负高压，这样灯丝加热之后从灯丝中逸出的电子会奔向阳极获得足够高的动能，根据波粒二象性，也就具备了足够小的波长，从而作为照明束就具备了足够高的分辨率。带孔的栅极比灯丝的电位还要负几百到几千伏特，它对穿过栅极孔奔向阳极的电子起着排斥或者说会聚的作用，使得这种结构的电子枪类似一个静电透镜。从电子枪出来的电子束经过两个聚光镜到达样品，两个聚光镜都是电磁透镜，实际上它们是线圈通电之后产生的轴对称磁场。通过两个聚光镜焦距的不同调整，可以在样品上得到平行照明束或会聚照明束。比如第一个聚光镜的电子会聚点在第二聚光镜的前焦点上的时候，我们可以得到平行照明束，同时可以通过这个焦点的上下移动，将样品上的照明束径扩大或者缩小。

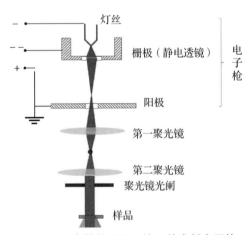

图 2 – 12　电镜的照明系统（热发射电子枪）

　　电镜工作时，有时需要让照明束平移和倾斜。这可以通过一对偏转线圈提供的两个不同方向的匀强磁场来实现（图 2 – 13）。例如要想电子束左移（图 2 – 14），可以让上偏转线圈的磁场让电子束顺时针倾斜 θ 角，然后让下偏转线圈的磁场让电子束反方向（也就是逆时针）偏转同样的角度 θ，这样就实现了平移。电子束倾斜是中心暗场像模式必需的步骤，比如要让电子束最终逆时针倾斜 β 角，可以这样实现（图 2 – 14）：首先让上偏转线圈的磁场使电子束顺时针倾斜 θ 角，然后经过下偏转线圈的磁场逆时针倾斜 $\theta+\beta$ 角度，最终电子束将逆时针倾斜了 β 角。可能有读者会问，为什么不能直接逆时针倾斜 β 角？因为如果这样操作，不只是倾斜了 β 角，还平移了一段距离。当然上下这一对偏转线圈只能实现电子束在样品上沿一个方向的移动或者倾斜，如果需要任意的移动或者沿着任意方向倾斜，我们还需要一对上下偏转线圈对。也就是说，我们一共需要两对（一共四个）偏转线圈，提供四个不同方向的匀强磁场空间。

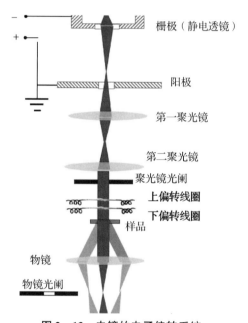

图 2 – 13　电镜的电子偏转系统

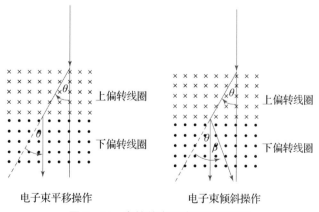

图 2 – 14　电镜的电子束平移和倾斜

下面介绍透射电镜的电子枪（图2－15）。透射电镜的电子枪根据电子发射的方式分为热发射电子枪与场发射电子枪。热发射电子枪在工作的时候，灯丝加热到高温，使灯丝中的电子获得足够高的热能或者说动能，以克服材料的表面势能发射出来。场发射电子枪中，灯丝中的电子主要依靠外加电场力而克服材料的束缚而逃逸出来。热发射电子枪的灯丝材料主要采用两种，一种是钨灯丝，一种是六硼化镧灯丝，后者亮度比较高。而场发射电子枪的亮度又远远高于热发射电子枪。

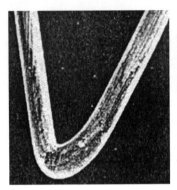

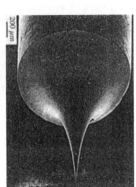

钨灯丝电子枪　　　　　　六硼化镧电子枪　　　　　　钨单晶场发射电子枪

图2－15　透射电镜电子枪

前面介绍了热发射电子枪基本结构。下面简单介绍一下场发射电子枪的结构。场发射电子枪由阴极也就是灯丝加上两个阳极构成。场发射电子枪分两种，热场发射电子枪和冷场发射电子枪（图2－16）。热场发射电子枪中，钨单晶 ｛100｝ 面上镀有氧化锆所构成的灯丝，在通电后温度达到1 200 K。位于灯丝下方、电位低于灯丝的栅极保护层将抑制多晶钨和单晶钨的热电子发射。栅极保护层下方第一阳极上加载的电位高于阴极，称为引出电压，在该电压作用下氧化锆电子从灯丝尖部拔出，由第二阳极与阴极间的加速电场加速，形成直径小于50 nm的"高能电子束"。冷场发射电子枪灯丝尖端为单晶钨的 ｛310｝ 面。该晶面逸出功较低，可由位于其下方第一阳极上的引出电压直接拔出。拔出的电子由阴极与第二阳极间加速电场加速，形成直径小于10 nm的"高能电子束"。

下面介绍透射电镜中的消像散器。理想的电磁透镜的磁场是轴对称的，如果不是轴对称，有一定椭圆度，会引起图像畸变，称为像散。如图2－17所示，消像散器利用图中的四对同极相对的电磁铁，通过改变磁场强度，将椭圆形磁场校正对称。通常在聚光镜、物镜和中间镜的附近安装有相应的消像散器，用以消除电磁透镜中磁场的椭圆度。

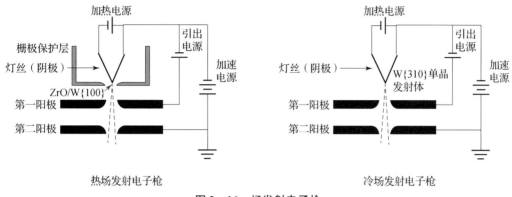

图 2－16　场发射电子枪

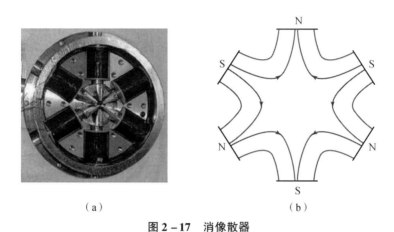

（a）　　　　　　　　　　（b）

图 2－17　消像散器

（a）实物图；（b）消像散器中的磁场

　　图 2－18、图 2－19 分别显示透射电镜的高分辨像（HRTEM）和扫描透射模式的高分辨像（STEM）在物镜存在像散和经消像散器消除像散之后的样品图像可以看到，经过消像散器校正后，图像质量和分辨率大大增加。

　　透射电镜除了上面介绍的照明系统、成像系统、图像观察与记录系统外，还有用于取放样品、平移和旋转样品的样品室。这些结构构成透射电镜的电子光学系统。此外，还需要真空系统为电子的产生和运动空间提供超高的真空。另外透射电镜需要两部分电源：一是供给电子枪的高压部分，二是供给电磁透镜的低压稳流部分。电源的稳定性是电镜性能好坏的一个极为重要的标志，透射电镜对供电系统的基本要求是产生高度稳定的加速电压与各透镜的激磁电流。

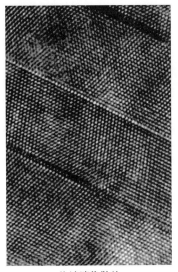

物镜消像散前 　　　　　　　　　物镜消像散后

图 2 – 18　Si 晶界的 HRTEM 像

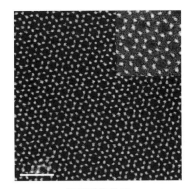

物镜消像散前 　　　　　　　　　物镜消像散后

图 2 – 19　β – Si₃N₄ 的 STEM 像

2.4　透射电镜的基本性能

本节我们主要讨论电镜的分辨率和有效放大倍数及其影响因素,包括照明束波长、球差、像散和色差;以及电镜的景深和焦长。

对于显微镜,分辨率是最重要的性能指标。所谓分辨率,是显微镜能够分辨的最小细节,或者说能够分辨的两个物点的最小距离。通常人眼能分辨的最小距离约0. 2 mm,显微镜的有效放大倍数 = 0. 2 mm/显微镜分辨率,显微镜的放大倍数可以超过有效放大倍数,但此时并不能提供更多细节,是无效放大。比如光学显微镜的分辨率大约是 0.2 μm，其有效放大倍数 = 0.2 mm/0.2 μm = 1 000 倍，则光学显微镜的有效放大倍数 = 1 000 倍。

首先我们讨论影响显微镜分辨率的重要因素之一——衍射效应。

我们知道，一个理想的，无限尺寸的透镜可以将一个物点形成一个像点。但实际的透镜有尺寸的限制，加上一定波长的光的衍射效应，当一个物点经过透镜成像时，在像平面上形成一个具有一定尺寸的中央亮斑和周围明暗相间的圆环构成的 Airy 斑，如图 2–20 所示。Airy 斑的亮度 84% 集中在中央亮斑上。当两个物点靠近，相应的两个 Airy 斑也靠近并逐渐重叠。当两个物点靠近使得两个 Airy 斑的中心间距等于它们的半径时，两个 Airy 斑无法分辨，也就是说，这两个物点此时已无法分辨。此时对应的物点间距如下所示：

$$\Delta r_0 = \frac{R_0}{M} = \frac{0.61\lambda}{n\sin\alpha} = \frac{1}{2}\lambda \tag{2.1}$$

上式中，Δr_0 是物点间距，R_0 是 Airy 斑半径，M 是放大倍数，λ 是照明束波长，n 是透镜材料的折射率，α 是透镜的孔径半角。Δr_0 就是衍射效应下的分辨率，在极限情况下，大约等于照明波长的一半。

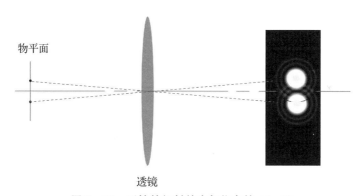

物平面

透镜

图 2–20　透镜的衍射效应与物点的 Airy 斑

理想的透镜，应该将物平面上某物点发射的不同方向、不同频率的光线会聚在像平面上某一点。实际透镜很难做到这一点。如果物平面上某物点发射的不同频率的光线不能会聚在像平面上某一点，而是形成一定尺寸的圆斑，这种原因导致的分辨率称为色差；如果物平面上某物点发射的不同方向的光线不能会聚在像平面上某一点，而是形成一定尺寸的圆斑，这种原因导致的分辨率称为像差。像差又分为球差和像散两种。

首先讨论色差。对于理想的透镜，对不同波长的电子束的会聚能力应该相同，因此同一物点朝着同一方向发射的电子，最终应该在像平面上聚集成一点。而实际电磁透镜的磁场对能量高的电子的折射能力强，对能量低的电子的折射能力弱，因此这些电子穿过透镜后不能在同一点会聚，结果一个物点在像平面上的影像是一个一定尺寸的散焦斑（图2-21）。

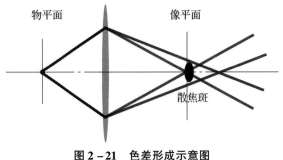

图2-21 色差形成示意图

像平面沿透镜主轴前后移动，找到最小的散焦斑，将它还原到物平面上，其半径Δr_C，就是透镜的色差，其计算公式如下：

$$\Delta r_C = C_C \cdot \alpha \left| \frac{\Delta E}{E} \right| \tag{2.2}$$

上式中，C_c是色差系数，E是电子的动能，ΔE是电子动能的变动。色差的物理意义是，由于透镜对频率不同的电子的折射能力不同，而使其能分别的两个物点的最小距离。它等于最小散焦斑的半径r_C除以放大倍数M。上式表明，当色差系数C_c、孔径半角α一定时，电子的能量波动ΔE是影响色差的主要因素。电子能量波动的原因，主要是加速电压不稳和入射电子在样品中的非弹性散射。

下面我们来讨论球差。理想的透镜，可以将属于同一物点的、离轴远近不同的电子束会聚在一点。但实际物镜往往不能做到这一点。离轴较远处透镜折射能力过强，会聚在离透镜较近处，离轴较近处透镜折射能力偏弱，会聚在离透镜较远处。于是像平面上的物点像是一定尺寸的散焦斑（图2-22）。

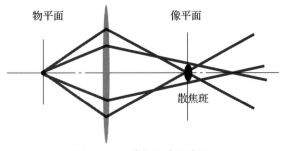

图2-22 球差形成示意图

像平面沿透镜主轴前后移动，找到最小的散焦斑，将它还原到物平面上，其半径 Δr_s，就是透镜的球差。它等于最小散焦斑的半径 r_s 除以放大倍数 M。球差的意义是：由于透镜对离轴远近不同的电子的折射能力不同、而使其能分辨的两个物点的最小距离。球差的数学表达式如下：

$$\Delta r_s = \frac{1}{4}C_s \alpha^3 \tag{2.3}$$

式中，C_s 是球差系数。通常电磁透镜的球差系数 C_s 相当于焦距，约为 $1 \sim 3$ mm。我们可以通过减小 C_s 和降低孔径半角 α 来减小球差，特别是减小 α 可以显著降低 Δr_s。

下面我们来讨论像散。我们知道，理想透镜的磁场是轴对称的，因而能将属于同一物点的、离轴远近相同而方向不同的电子束会聚在一点。实际透镜可能由于某种原因，磁场不是轴对称，其磁场等强线有一定椭圆度，导致不同方向折射能力有差异，因而不能将属于同一物点的、离轴远近相同而方向不同的电子束会聚在一点。比如图 2-23 中 YY 方向对电子的折射能力较强，电子会聚在离透镜较近的位置，而 XX 方向对电子的折射能力较弱，电子会聚在离透镜较远的位置。因此，像平面上的物点像是一定尺寸的散焦斑。

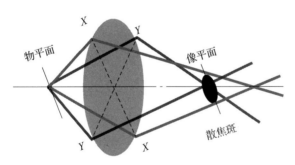

图 2-23　像散形成示意图

像平面沿透镜主轴前后移动，找到最小的散焦斑，将它还原到物平面上，其半径 Δr_A，就是透镜的像散。它等于最小散焦斑的半径 r_A 除以放大倍数 M。像散的物理意义是，由于透镜磁场的非轴对称性而使其能分辨的两个物点的最小距离。像散等于像散系数乘以孔径半角 α。其中像散系数是透镜磁场出现椭圆度时的焦距差。像散是可以消除的，通过引入一个强度和方位可调的矫正磁场（也就是消像散器）来进行补偿。

下面我们来讨论提高分辨率的途径。对于有关衍射效应的分辨率，可以通过提高加速电压的大小而减小电子波长来提高分辨率；对于色差，可以通过提高加速电压的稳定性而减小电子能量的波动来提高分辨率；对于像散，可以用前面介绍的消像散器来消除。最难消除、并且对透射电镜分辨率起决定作用的是球差，用一般手段很难消除，现在可以用球差矫正器来减小球差，但是球差矫正器的价格等同于一台透射电镜。

最后我们来讨论景深和焦长。景深是在保证清晰成像的条件下，像平面不动，而物平面（也就是成像物体）沿着光轴移动的最大距离。焦长则是在保证清晰成像的条件下，成像物体不变，而像平面沿着光轴移动的最大距离。关于景深与较长，请参考视频 2－6。

视频 2－6
景深与焦长

首先讨论景深。在理想状态下，物平面上一个物点在透镜理想位置的像平面上的影像也是一个点；物点向左移动，像平面不动，物点影像变成一定尺寸的散焦斑；物点向右移动，像平面上的物点影像也是一定尺寸的散焦斑。物点左右移动时，只要像平面上物点的散焦斑影像的尺寸还原到物平面上（也就是除以放大倍数）之后，不大于分辨率，即认为成像是清晰的。在保证清晰成像的条件下，也就是在保证物点影像尺寸不大于分辨率乘以放大倍数的条件下，物平面沿光轴移动的最大距离，就是景深，用 D_f 表示。经过计算，一般透射电镜的景深在 200～2 000 nm，而透射电镜的薄膜试样的厚度一般只有 200～300 nm，因此透射电镜可以保证样品整个厚度范围内各处细节都清晰可见。

最后我们来看焦长的概念。在理想状态下，物平面上一个物点在透镜理想位置的像平面上的影像是一个点。像平面从理想位置沿着光轴向左移动，物点的影像变成一定尺寸的散焦斑。像平面从理想位置沿着光轴向右移动，物点的影像也是一定尺寸的散焦斑。物点不动，像平面左右移动时，只要像平面上物点的散焦斑影像的尺寸还原到物平面上（也就是除以放大倍数）之后，不大于分辨率，即认为成像是清晰的。在保证清晰成像的条件下，也就是说在保证物点影像尺寸不大于分辨率乘以放大倍数的条件下，像平面沿光轴移动的最大距离，就是焦长，用 D_L 表示。经过计算，一般透射电镜的焦长可达 10 cm 左右，这使得荧光屏和照相底片、CCD 相机之间的距离可以很大，只要在焦长范围内都能得到清晰的图像。

2.5　透射电镜的电子衍射花样分析

本节我们讨论透射电镜中电子衍射花样的分析，基本内容如下：

1. 电子的散射、反射和衍射。注意这里讨论的衍射是一种特殊的反射，而反射是一种特殊的散射现象。

2. 透射电镜中电子衍射的特征。注意与 X 射线衍射的差异。

3. 透射电镜电子衍射花样的分析。本文将举例讨论如何标定透射电镜的衍射花样。前面的第 1、第 2 点是电子衍射分析方法的理论基础，了解了第 1、第 2 点，就能比较容易地掌握第 3 点。

电子的散射、反射和衍射

首先来看什么是电子的散射。如图 2 - 24（a）所示，我们让一束均匀的电子束进入材料，入射电子与材料中的电子和原子核都会发生相互作用。比如原子核带正电荷，电子经过原子核附近会因为静电吸引而偏转。这种运动方向的改变，称为散射。

如图 2 - 24（b）所示，如果这些原子形成一个原子平面，那么入射电子被这个平面上的原子散射后，会发现有一个方向它们有共同的相位，于是集中朝这个方向传播，而在荧光屏上出现一个亮斑。这个方向就是反射方向。这就是我们所熟悉的镜面反射现象。电子以任何角度向这个原子平面入射，都会发生反射。

如图 2 - 24（c）所示，如果这些原子不是仅仅形成一个原子平面，而是形成若干个平行的周期性排列的原子平面，那么电子向这样的原子平面入射，一定会发生镜面反射吗？答案是：不一定。因为，不同原子平面的反射束之间相位可能并不相同，如果这些反射束之间相位相反，或者说，它们的相位差为 π 的奇数倍，那么各原子面的反射束之间因为相消干涉而消失。

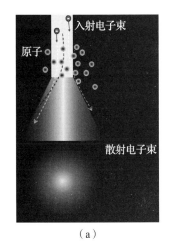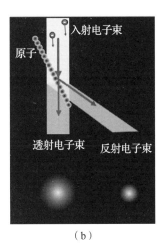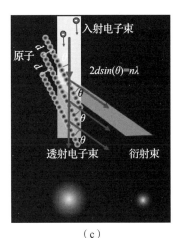

| (a) | (b) | (c) |

图 2 - 24　电子与原子的相互作用

（a）散射；（b）反射；（c）衍射

什么情况下反射束会出现呢？如果这些反射束的相位相同，也就是它们之间的相位差为 0 或者 π 的偶数倍时，反射束才会出现。这个条件，称为布拉格[①]条件，数学表达如下：

$$2d\sin\theta = n\lambda \tag{2.4}$$

上式中，d 是原子平面的间距，即晶面间距；θ 是入射电子束（即衍射电子束与原子平面之间的夹角），称为布拉格角，注意入射电子束与衍射电子束之间的夹角，即衍射角，是布拉格角的 2 倍；n 是一个任意整数，它是一个量子数，称为衍射级数；λ 是入射电子束的波长，也等于衍射电子的波长。这个公式，称为布拉格方程。

$2d\sin\theta = n\lambda$ 是在正空间里描述的布拉格方程，有较为复杂的形式。在倒易空间里，布拉格方程形式较为简单，表示如下：

$$\vec{k}_g - \vec{k}_0 = \vec{g} \tag{2.5}$$

也就是，衍射束波矢 $\vec{k}_g$ 减去入射束波矢 $\vec{k}_0$ 等于倒易矢量 $\vec{g}$。倒易矢量 $\vec{g}$ 是发生衍射的原子平面或晶面在倒易空间的数学表示，倒易矢量的方向表示晶面的法线方向，倒易矢量的大小（长度）等于晶面间距的倒数。

倒易空间的布拉格方程（式（2.5）），或者说矢量形式的布拉格方程，有明确的几何意义，如图 2–25 布拉格方程的几何意义所示。

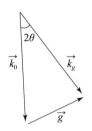

另外，我们知道，原子平面的间距或者说晶面间距 d 是原子平面排列的空间周期，因此倒易矢量或者说倒易晶面间距 $\vec{g}$ 是晶体中原子面排列的空间频率，而波矢（或者说倒易波长）是电子的空间频率。从这个角度来看，倒易空间的布拉格方程有明确的

图 2–25　布拉格方程的几何意义

物理意义，即，电子被晶体反射后，其空间频率的变化等于晶体的空间频率。

透射电镜中电子衍射的特征

利用衍射对材料微观结构进行分析的技术有 X 射线衍射、电子衍射、中子衍射等。其中透射电镜中电子衍射有如下特征：

第一，入射电子束、衍射电子束、衍射原子平面或者说晶面几乎平行。因为，透

---

① 威廉·劳伦斯·布拉格（William Lawrence Bragg，1890—1971 年），英国物理学家。主要贡献是和他的父亲威廉·亨利·布拉格通过对 X 射线谱的研究，提出晶体衍射理论，建立了布拉格公式，并改进了 X 射线分光计。父子二人共同获得 1915 年的诺贝尔物理学奖，获奖时仅 25 岁，是目前为止最年轻的诺贝尔物理学奖获奖者。

射电镜所用电子束的波长 λ 远远的小于一般材料的晶面间距 d，也就是说波长 λ 的倒数远远大于晶面间距的倒数，所以布拉格角 θ 非常小。

因此就有了透射电镜电子衍射的第二个特征：只有与入射电子束几乎平行的系列原子平面才能产生衍射。

第三个特征，对于透射电子的电子衍射，晶面的取向不严格满足布拉格条件也可能产生一定强度的衍射束。当晶面 $\vec{g}$ 在不严格满足布拉格条件的情况下产生衍射束 $\vec{k}_g$ 时，与布拉格条件的偏差可以用 $\vec{s}_g$ 表示，$\vec{s}_g$ 称为偏离矢量。它们的数学关系如下：

$$\vec{k}_g - \vec{k}_0 = \vec{g} + \vec{s}_g \tag{2.6}$$

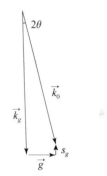

其几何关系如图 2 – 26 所示。后面会提到，偏离矢量的大小 $|\vec{s}_g|$ 决定了衍射束的强度。偏离矢量大小等于零，也就是严格满足布拉格条件的情况下，衍射强度最大；随着偏离矢量大小值增加，衍射强度减弱，当增加到试样沿着入射电子束方向的厚度 T 的倒数时，衍射强度为零。其中样品沿入射电子束方向厚度的倒数 $1/T$，称为"倒易厚度"。可以说，透射电镜试样中某个晶面与布拉格条件的偏差 $|\vec{s}_g|$ 只要小于试样的倒易厚度 $1/T$，都可以产生衍射束。具体原因将在后面的第 2.6 节"晶粒内部缺陷的衍射衬度"一文中进行详细介绍。

图 2 – 26　布拉格方程

因为上述原因，所以透射电镜衍射的第四个特征是，晶体中几乎与入射电子束平行的晶面可以产生一系列衍射束（图 2 – 27），透射束与衍射束将在透镜焦平面上沿一定方向排列成等间距的亮点阵列，并且亮点阵列与对应晶面垂直；或者说，亮点阵列的方向是晶面的法线方向，即晶面倒易矢量 $\vec{g}$ 的方向。亮点间距与晶面间距成反比，

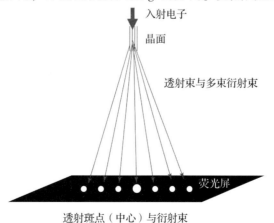

图 2 – 27　一个晶面产生的衍射斑点阵列

或者说与对应的倒易矢量大小成正比。

第五，一般在单晶体中，原子在三维方向周期排列。因此电子束沿一定晶向入射时，衍射花样为二维的规则斑点阵列（图2－28）。

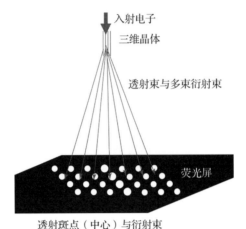

图2－28　三维晶体的二维衍射斑点阵列

第六，与X射线衍射相比，电子衍射非常强，衍射束强度几乎与透射束相当。这是因为X射线衍射是电子对X射线的散射造成，而前面已经讲到电子衍射主要是原子核的吸引或者说散射造成，而原子核对电子的散射能力是电子对X射线散射能力的一万倍，并且轻、重原子核对电子散射能力的差异比较小。所以在拍摄X射线衍射谱时，所需时间可长达几十分钟，而电子衍射的拍摄时间往往小于一秒。

如图2－29所示，对于一个单晶，衍射花样是二维规则排列的斑点阵列，但是对于多晶体，如果参与衍射的晶粒数量众多并且各晶粒的取向是随机的，则衍射花样是一系列不同直径的同心圆环。如果是非晶体，衍射花样则是一个模糊的圆晕。

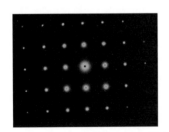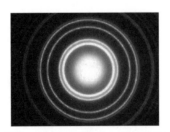

图2－29　从左到右，依次为单晶体、多晶体和非晶的衍射花样

单晶衍射花样分析

下面我们主要讨论单晶体衍射花样的分析。如图2－29左图所示，首先我们会注意到，衍射花样中，有一个透射束的聚焦斑点，称为透射斑。它居于在图像中心，亮

度很大，我们可以看作是晶体的倒易晶格的原点，或者倒空间的原点。其他亮斑都是电子通过这个单晶体的衍射电子束的聚焦斑点。透射斑与各个衍射斑形成规则的二维亮点阵列，它是这个单晶体的零层倒易面（即过原点的倒易晶格平面）的倒易晶格像。对于这样的衍射图，我们首先应该意识到，每一个衍射斑点的出现，说明在样品的某个区域，存在一系列周期性排列的平行原子面，这样的一组平行原子面，我们称为晶面（特别注意，晶面不是指一个原子平面，而是指一系列周期性排列的原子平面）。由此我们需要回答的问题是：①该晶面的排列周期是多少？②该晶面的取向是什么？③该晶面在样品中哪些区域存在？

在回答这些问题之前，我们先做一些练习。

练习 1，如图 2 - 30 所示，透射电镜试样中包含两个晶粒，分别标记为 A 和 B（图 2 - 30（a））。如果电子束单独照射晶粒 A，我们得到图 2 - 30（b）所示的衍射花样，这是晶粒 A 的衍射花样。如果我们让电子束照射晶粒 B，我们得到图 2 - 30（c）所示的晶粒 B 的衍射花样。问，如果电子束沿着两个晶粒的界面，部分照射晶粒 A，部分照射晶粒 B，则衍射花样应该如何？

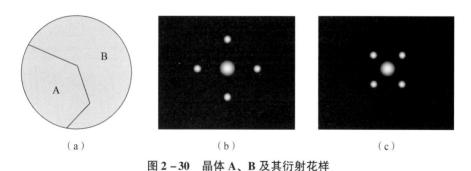

（a）　　　　　　　　　（b）　　　　　　　　　（c）

图 2 - 30　晶体 A、B 及其衍射花样

（a）晶粒 A、B；（b）晶粒 A 的衍射花样；（c）晶粒 A 的衍射花样

答案如图 2 - 31 所示。它是两个晶粒的衍射花样的重叠。

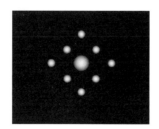

图 2 - 31　练习 1 答案

练习 2，图 2 - 32（a）所示的两个晶粒 A 和 B，它们的衍射花样分别如图 2 - 32（b）和图 2 - 32（c）所示。图中给出了衍射斑点间距以及晶粒 A 中部分衍射晶面的取向和

晶面间距。图 2－32（b）和图 2－32（c）是在同样条件下拍摄到的衍射花样。根据图中给出的信息，画出所有衍射斑点对应的衍射晶面示意图并标出它们的晶面间距。

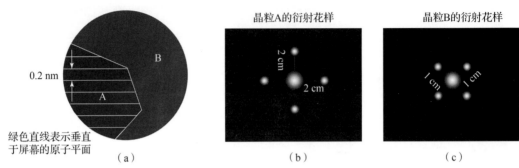

图 2－32　练习 2 晶粒 A、B 及其衍射花样

回答这个问题，应首先掌握以下几点：

1）衍射斑点到中心斑点的连线是衍射晶面的法线方向，即与衍射晶面垂直；

2）同样条件下拍摄的衍射花样中，衍射斑点到中心斑点的距离乘以相应的晶面间距，是一个常数，我们称为相机常数；

3）包含中心斑点的一列周期性排列的斑点，往往属于同一衍射晶面。

因此，练习 2 的答案如图 2－33 所示。

练习 3，利用图 2－34 提供的信息，画出晶粒 A、晶粒 B 以及整个试样的衍射花样示意图，并标出衍射斑点的间距。

图 2－34（a）显示样品有两个晶粒，分别表示为 A 和 B，并用直线表示平行于电子束的衍射晶面；晶粒 A 平行于电子束的晶面有两个取向，分别是平行方向和垂直方向，晶面间距都是 0.2 nm；晶粒 B 也标识出两个取向的平行入射电子束方向的晶向，晶面间距都是 0.3 nm。

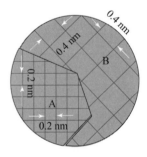

图 2－33　练习 2 的答案

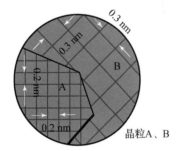
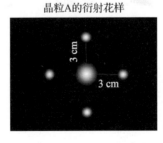

图 2－34　练习 3 晶粒 A、B 及其衍射花样

练习 3 的答案如图 2 – 35 所示。

注意，如果一个晶体有两个不同取向的晶面平行于入射电子束（设垂直于我们的屏幕），往往将会有若干其他取向的晶面平行于入射电子束，详情请看视频 2 – 7。

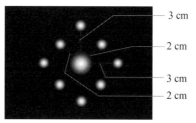

视频 2 – 7
晶面与
衍射花样

图 2 – 35　练习 3 的答案

第四个练习，如图 2 – 36 所示，已知透射电镜试样的晶格示意图以及相应的衍射花样，请画出衍射花样中所有衍射斑点中样品图像的示意图。

回答这个问题的要点是，对于某个衍射斑点，如果样品中某个区域产生这个衍射斑点，那么该衍射斑点的图像中，该区域是亮区，否则是暗区。因此，答案如图 2 – 37 所示（可参考视频 2 – 8 来理解）。

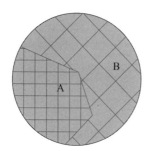

视频 2 – 8
衍射斑点
中的图像

图 2 – 36　晶体样品（左）及其衍射花样（右）

图 2 – 37　练习 4 答案

通过练习4，我们可以知道样品的晶格、倒易晶格或者说衍射花样，以及衍射斑点中样品图像的关系。

下面讨论如何在透射电镜的操作中获得每个衍射斑点中的图像。

如图2-38（a）所示，在电镜中插入样品后，拔出物镜焦平面上的物镜光阑和物镜像平面上的选区光阑，然后调整中间镜焦距使其物平面与物镜焦平面上重合，电镜的荧光屏或者显示器将看到样品的衍射花样。注意图中的粉红色虚线是中间镜的物平面。

然后插入物镜光阑，选择感兴趣的衍射斑点，让该衍射束穿过光阑孔，其他的电子束则被光阑挡住。此时荧光屏或者显示器看到的图像如图2-38（b）所示。

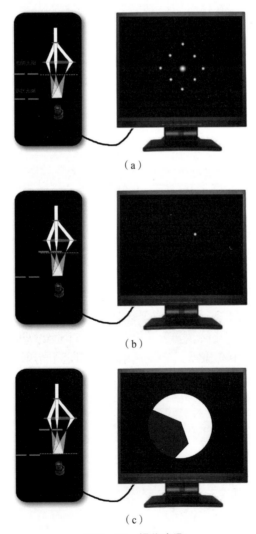

（a）

（b）

（c）

图2-38 操作步骤

　　调整中间镜的焦距使其物平面与物镜的像平面重合，于是电镜的荧光屏或显示器可以看到所选择的衍射斑点中的样品图像（图 2 – 38（c））。

　　下面讨论如何标定电子衍射花样。通常，要测量图像中物体的尺寸，需要用到图像的标尺。例如图 2 – 39，如果要测量图中颗粒的实际直径 R，首先，需要测量该颗粒在图中的直径 R_1，然后测量测量该标尺线段在图中的长度 R_0。那么该颗粒的实际直径 R 为：

$$R = \frac{R_1}{R_0} \times 50\,(\text{nm}) \tag{2.7}$$

上式中的数字"50"是图中标尺上面的数字。

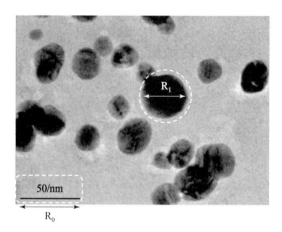

图 2 – 39　正空间图像的测量

　　对于衍射花样，因为是材料在倒空间的结构影像，在倒空间量取的长度值，单位是正空间长度单位的倒数，因此我们可以称为倒易长度，或者称为空间频率，倒易长度的测算也需要用到倒易影像图中的标尺。在图 2 – 40 的衍射花样图中，每个衍射斑点都对应一个晶面，对于图中所示的衍射斑点，它所代表的晶面的晶面间距 d 是这样测算的。首先在图中量取中心斑点或者说透射斑点到这个衍射斑点的距离 R_1，然后在图中量取标尺的长度 R_0，那么原子面排列的空间频率，或者说，晶面间距的倒数 $1/d$，由如下公式求得：

$$\frac{1}{d} = \frac{R_1}{R_0} \times 5 \quad (1/\text{nm})$$

即

$$d = \frac{R_0}{R_1} \times \frac{1}{5}\,(\text{nm}) \tag{2.8}$$

上式中的数字"5"是图中标尺上面的数字，单位是 1/nm。由此算得晶面间距 d。衍射花样图有一个重要参数，称为相机常数。相机常数可由标尺获得，它等于图中所测的标尺长度 R_0 除以标尺上的数字，比如图中的"5"。同一衍射花样图中，每一个衍射斑点到中心斑点的距离乘以该斑点所对应晶面的晶面间距都是相同的，都等于相机常数，据此也可以进行晶面间距的测算，也就是说，先根据标尺得到相机常数，然后除以衍射斑点到中心斑点的距离，就得到晶面间距值。

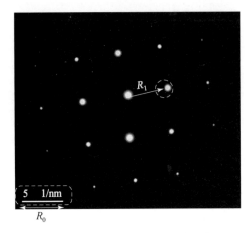

图 2 - 40　倒空间"图像"的测量

下面我们举例说明衍射花样是如何进行标定的。在标定之前，我们一般需要做这样的准备：

1）了解我们所分析的样品中可能存在的物相，例如对于正火态碳钢，可能存在的物相有铁素体、奥氏体、渗碳体。

2）查出每种物相的晶格参数（表 2 - 1）。

表 2 - 1　正火态碳钢中的相及其晶格参数

相	a/nm	b/nm	c/nm	α	β	γ
铁素体	0.286	0.286	0.286	90°	90°	90°
奥氏体	0.358	0.358	0.358	90°	90°	90°
渗碳体	0.674	0.509	0.453	90°	90°	90°

3）根据各个物相的晶格参数计算各个物相、各指数的晶面间距，画出这些物相的晶面间距与晶面指数关系表（表 2 - 2 ~ 表 2 - 4）。利用 Excel 是很容易做出这些表格。我们仅需在晶面间距的一个表格中输入晶面间距计算公式，然后粘贴到其他表格就可以了。

表 2 - 2　铁素体的晶面间距　　**表 2 - 3　奥氏体的晶面间距**　　**表 2 - 4　渗碳体的晶面间距**

h	k	l	d
｛晶面族指数｝			nm
1	1	0	0.202
2	0	0	0.143
2	1	1	0.117
3	0	1	0.090
2	2	2	0.083
1	3	2	0.076

h	k	l	d
｛晶面族指数｝			nm
1	1	1	0.207
2	0	0	0.179
2	2	0	0.127
1	3	1	0.108
0	4	2	0.080
2	4	2	0.073

h	k	l	d
（晶面指数）			nm
1	0	0	0.674
0	1	0	0.509
0	0	1	0.453
1	1	0	0.406
1	0	1	0.376
……			

另外，各物相的数据也可以通过查询 PDF 数据库获得。

完成上面的准备工作以后，就可以对衍射花样进行标定了。例如图 2 - 41，首先选择距离透射斑点最近的三个衍射斑点，并且要求这三个斑点与透射斑点形成平行四边形（即所谓的特征平行四边形）。图中三个衍射斑点，此处分别标记为 1、2、3。其中斑点 3 在 1 与 2 之间。注意斑点 3 的晶面指数 = 斑点 1 的晶面指数 + 斑点 2 的晶面指数。

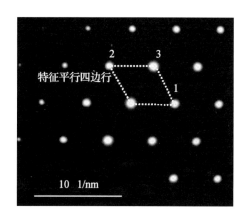

图 2 - 41　衍射花样的标定

下一步是获得这三个衍射斑点的晶面间距。晶面间距值应该在透射电镜操作时现场获得。如果没有现场测量，那么需要进入下一步。在衍射花样图片上，依次测量透射斑点到这三个斑点的距离以及标尺长度。可以打印下来在纸上测量，也可以在计算机上测量，例如利用 photoshop 就可以测量（视频 2 - 9）。不同情况测量结果可能不同，但是并不影响最后晶面间距的计算结果。我们把测量结果列在表格（表 2 - 5）中。根据这些测量结果，我们用表 2 – 5 最后一行的公式计算三个衍射斑点的晶面间距，公式中"5.29"是标尺长度，"10"是标尺上的数值，单位是 1/nm。

表 2 – 5　测量结果（例）

衍射斑点	R/cm	d/nm
1	2.65	0.20
2	2.64	0.20
3	2.65	0.20
标尺	5.29	0.10

注：$d = \dfrac{5.29}{R \times 10}$

视频 2 – 9　在 PHOTOSHOP
中测量衍射斑点
与中心斑点之间的距离

另外，根据衍射斑点量取晶面间距，还可以利用软件 DigitalMicrograph 进行（视频 2 – 10；附录 DigitalMicrograph 简介）。

下面根据晶面间距的数据对各衍射斑点进行标定。根据衍射花样的对称性，可以排除渗碳体。注意对于渗碳体这样的具有复杂晶格的金属化合物，晶面间距往往比较大，即意味着衍射斑点往往比较密集。

视频 2 – 10
利用 DM 测量
衍射花样

先来看斑点 1，晶面间距 $d = 0.20$ nm，与表 2 – 2 ~ 表 2 – 4 中各数据进行对比，发现该数值与铁素体 {110} 晶面族与奥氏体 {111} 晶面族的数据最接近；然后看斑点 2、3，它们也都是与铁素体 {110} 晶面族与奥氏体 {111} 晶面族的数据最接近。至此我们可以确定这是铁素体 {110} 晶面族的三个衍射斑点，或者是奥氏体 {111} 晶面族的三个衍射斑点。

需要注意，斑点 3 的晶面指数必须等于斑点 1 的晶面指数加上斑点 2 的晶面指数。对于奥氏体，111 晶面族中的任何三个晶面的指数之间无法满足这个条件。所以只能选取铁素体 110 晶面族中的晶面指数。对于斑点 1，可以从 {110} 晶面族中任意选择一个晶面指数，比如 (110) 晶面，而斑点 2 与 3 的晶面指数的选择，会受到这样的限制：1 与 2 的指数之和等于 3 的指数，因此斑点 2 只能选择 ($\bar{1}$01)，使得斑点 3 得到属于 110 族的指数 (011)；或者斑点 2 选择 (0$\bar{1}$1)，使得斑点 3 得到属于 {110} 族的指数 (101)。

最终斑点的标定结果如图 2 – 42 所示。有两个结果（图 2 – 42 (a)、(b)）。这两个标定结果是等价的。注意，一般在出示某单晶区域衍射花样的标定结果时，只需要标注其中两个衍射斑点，这两个斑点与中心不在一条直线上就可以。其他所有斑点的指数都可以由这两个斑点矢量运算获得。例如，图中斑点（011）= 斑点（$\bar{1}$01）+ 斑点（110）。另外，任一衍射斑点与它的中心对称位置上的斑点，晶面指数互为负数。例如，斑点（011）的中心对称位置上的斑点，其晶面指数则是（0$\bar{1}\bar{1}$）。

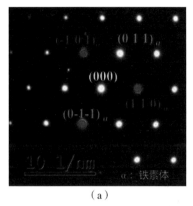

（a）

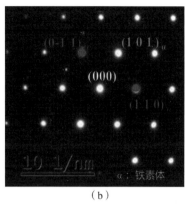

（b）

图 2 - 42　衍射花样标定结果

最后我们还需要对衍射花样的晶带轴指数进行计算标定。晶带轴指数可以近似看作是拍摄这张衍射花样时，电子束在晶体坐标系中的入射方向的指数。它可以由衍射花样中两个斑点的晶面指数（即两个倒易矢量）叉乘获得，即晶面（$h_1k_1l_1$）与晶面（$h_2k_2l_2$）确定的晶带轴［uvw］存在如下关系：

$$u = k_1l_2 - k_2l_1$$
$$v = l_1h_2 - l_2h_1 \qquad\qquad (2.9)$$
$$w = h_1k_2 - h_2k_1$$

如果某衍射花样看作是晶体的某个倒易点阵平面（或者说倒易面）的影像，晶带轴指数就是该倒易面的面指数（用方括号括起来）。

根据衍射花样确定晶体取向时，需要特别注意衍射花样 180° 不唯一性的问题。对于一些晶系（如立方晶系）的晶体，某些晶带轴的衍射花样往往对应两种不同的晶体取向。这两个不同取向的晶体有 180° 的旋转对称性，但是它们的晶体衍射花样完全相同，如视频 2 - 11 所示：某个体心立方晶体绕晶带轴［123］旋转 180°，晶体取向发生了变化，而衍射花样与原来重合。也就是说，图 2 - 43 所示的这张体心立方［123］晶带轴的衍射花样，对应了图 2 - 43（a）、（b）两种不同的晶体取向。到底哪种取向是正确的呢？这需要靠倾转试样观察花样的变化来鉴别。视频 2 - 12 分别显示两种不同取向、但有同样衍射花样的晶体朝同一方向倾转时的衍射花样变化。

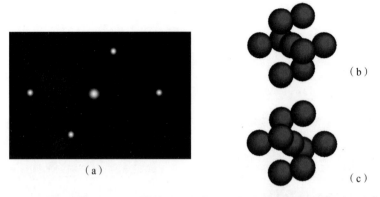

图 2-43 体心立方 [123] 晶带轴的衍射花样及其对应的两种晶体取向（晶胞）

视频 2-11 衍射花样的 180° 不唯一性　　　视频 2-12 倾转样品时衍射花样的变化

在做衍射花样标定时，再次提醒：

1）包含中心斑点的一列周期性排列的斑点往往属于某一晶面。

2）一组规则的二维斑点阵列往往属于某一晶粒或晶区。

3）衍射斑点对应的晶面指数之间满足矢量加和规则。

如图 2-42（a），$(\bar{1}01)+(110)=(011)$；另外与 (011) 斑点中心对称的斑点的指数为 $(0\bar{1}\bar{1})$。

4）注意结构消光：

对于体心立方晶体，晶面指数 $h+k+l=$ 偶数，将产生衍射。

对于面心立方晶体，晶面指数 h、k、l 全部是奇数或者偶数（包括 0），产生衍射。

对于密排六方晶体，晶面指数 h、k、l，$h+2k=3n$，$l=2m+1$（m、n 为任意整数）时，对于 XRD 会消光；对于电子衍射，如果样品足够厚，则可能因为二次衍射，不会消光。

2.6　透射电镜图像的衍射衬度

衬度是指图像上不同区域间存在的明暗程度的差异。电子显微图像的衬度主要包括质量厚度衬度（质厚衬度）、衍射衬度、相位衬度和 Z 衬度。

质厚衬度是由样品中不同区域的平均原子序数或厚度存在差异而引起的。例如，如果采用透射电子束成像，则图像中试样较厚的地方或者密度较大的地方图像较暗，因为这些地方对电子的散射能力较强，比如，厚的地方对入射电子的散射次数会更多，而重原子核对电子的吸引力会更强，因而透过的电子较少，在图像中表现较暗。

衍射衬度是由样品内不同区域的晶体学特征存在差异而引起。也可以认为是由于晶体薄膜的不同部位满足布拉格衍射条件的程度有差异而引起的衬度。

相位衬度是由于样品调制后的电子波存在相位差异而引起的。

Z 衬度是与样品微区的平均原子序数有关的衬度。

首先我们介绍透射电镜图像的衍射衬度。这是透射电镜图像分析的重点和难点。

图 2 - 44 中的各个图像均采用明场像模式（物镜焦平面上插入物镜光阑选择透射电子束）拍摄。对于一张样品图像，我们至少需要了解两点：①该图像由何种信号形成；②该图像属于何种衬度。

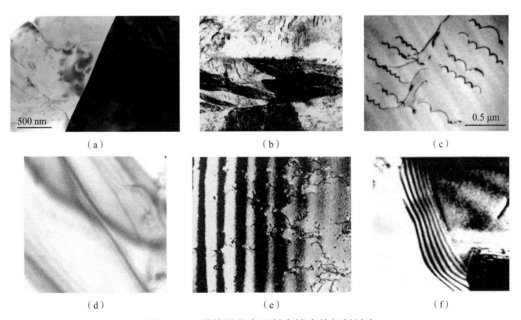

（a）　　　　　　　　　（b）　　　　　　　　　（c）

（d）　　　　　　　　　（e）　　　　　　　　　（f）

图 2 - 44　晶体样品在透射电镜中的衍射衬度

（a）Ti 合金的两个晶粒；（b）贝氏体中不同晶区；（c）晶体中的位错；

（d）晶体中的等倾条纹；（e）晶体试样边缘的等厚条纹；（f）倾斜晶界的等厚条纹

对于图 2 - 44 中的图像，既然是明场像模式，它们是透射电子强度形成的图像，可以看作透射电子强度对样品位置的函数图像，透射电子强度值用灰度表示，越明亮表示透射电子强度越高。

在图2－44中，图像的衬度是由于晶体取向差异造成衍射条件的不同而产生的，所以其衬度类型称为衍射衬度。衍射衬度为我们提供晶体取向的信息。

注意这里的照片分两组，图2－44（a）、（b）反映的是不同晶粒的衬度，其余四张照片反映的是同一个晶粒内部不同区域的衬度，它们衬度类型都属于衍射衬度，但是不同晶粒之间的衍射衬度和同一个晶粒内部的衍射衬度，给我们提供的晶体取向信息是完全不同的，本文将分开介绍。首先介绍不同晶粒的衍射衬度。

不同晶粒的衍射衬度

图2－45（a）是一个厚薄和成分均匀的透射电镜样品，样品中有三个不同形状的晶粒（分别是长方形、三角形、梯形）。之所以要求厚薄和成分均匀，是因为需要排除质厚衬度（样品不同区域由于密度或者厚度差异带来的明暗差异）。我们把这个试样放在透射电镜中，然后让中间镜物平面与物镜像平面重合，即采用成像模式。如果物镜后焦面上没有插入物镜光阑（图2－45（b）），看到的样品图像衬度很低，很难分清不同晶粒（图2－45（c））。

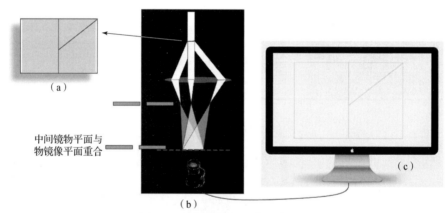

中间镜物平面与物镜像平面重合

图2－45　晶体样品及其图像衬度

（a）晶体样品；（b）电镜操作模式；（c）样品的电镜图像

若插入物镜光阑选择透射束（图2－46（b）），不同晶粒将产生明显的衬度（图2－46（c））。这是明场像模式。

为什么明场像模式下，不同的晶粒有不同的明暗对比？我们对不同的晶粒做选区衍射就会知道原因。

比如我们在明场像模式下，插入选区光阑，选择三角形区域。然后拔出物镜光阑，调整中间镜物平面至物镜的后焦面（即采用衍射模式），此时将看到三角形区域的选区衍射花样（图2－47（b））。

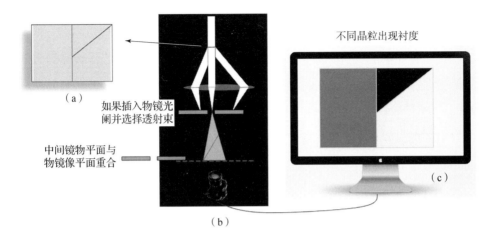

图 2-46 晶体样品及其图像衬度

(a) 晶体样品；(b) 电镜操作模式；(c) 样品的电镜图像

采用同样方式，我们得到长方形晶粒的选区衍射花样和梯形区域的选区衍射花样（图 2-47（c）、（d））。对三个晶区的衍射花样进行对比（图 2-47（b）、（c）、（d）），大家可以看到，采用透射电子束成像的明场像图像（图 2-47（a））的衬度特点：暗区的衍射斑点密集，或者说数量多而且离中心斑点近；越是明亮的区域，斑点越稀疏，或者说数量越少、离中心斑点越远。注意，斑点密集是低指数晶带轴衍射花样的特点，斑点稀疏是高指数晶带轴衍射花样的特点。

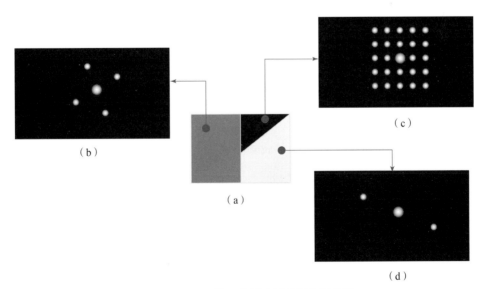

图 2-47 明场像图像衬度及选区衍射花样

(a) 明场像图像；(b) 长方形晶区的衍射花样；(c) 三角形晶区的衍射花样；(d) 梯形晶区的衍射花样

可见，明场像中各晶粒的影像的明暗差异，是由于晶体的取向不同（或者说晶带轴指数的不同）。晶粒影像暗，是因为该晶粒在电子入射方向是低指数晶向，明亮的晶粒影像则说明它在电子入射方向是高指数晶向。因为，电子沿着低指数晶向入射，衍射束的数量多，并且密集，总衍射强度很大，因而透射电子强度很弱；而电子沿着高指数晶向入射，情况则相反。注意入射到样品各区域的电子束强度是均匀的，即各区域的透射电子束强度与各衍射束强度之和是相同的，都等于入射电子束强度。

明场像和暗场像中的明暗给我们一些晶体取向的信息。晶体取向是晶体学信息的重要内容。当然晶体学信息除了包含取向的信息，还有晶胞参数等内容，这些更重要的内容还需要我们用衍射花样定量标定来获取。

图 2 – 48 是某钛合金的明场像，左上角是拍摄这张图像的电镜状态。图中有两个明暗差异很大的晶体区域，左边的晶体比较明亮，右边的晶体很暗。图 2 – 49（a）、（b）分别是图 2 – 48 中两个晶体区域的选区衍射花样。图 2 – 48 中左、右两个晶区的选区衍射花样分别是图 2 – 49 的哪一张图呢？分析如下，左边晶体区域很亮，说明该区域的透射电子强度大，透射电子强度大则暗示着该区的总衍射强度小，这正好是右下图的特点：该图的衍射斑点数量很少且离中心较远，说明该晶体在电子入射的方向是高指数晶向；右边晶体区域暗，说明透射电子强度弱，说明该区的衍射电子总强度大，正好是右上图的特点，它显然是低指数晶带轴的衍射花样，说明该晶体在电子入射的方向是低指数晶向。因此，我们只需观察明场像某个区域的明暗，就可以大致判断该晶体区域在电子入射方向的晶向指数（晶带轴指数）的高低。当然，具体的晶向指数是多少，还需要通过选区衍射花样分析得到。需要说明的是，低指数晶带轴的衍

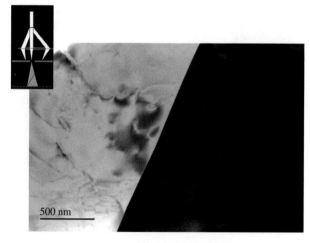

图 2 – 48　某钛合金的明场像

射花样比高指数晶带轴的衍射花样具有更强的物相特征性，可以帮助我们更容易地进行物相鉴别，所以很多情况下我们更愿意选择明场像中的那些很暗的区域进行选区衍射。这里的衍射花样也会更加的明亮和对称。

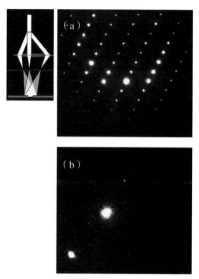

图 2 - 49　某钛合金的选区衍射花样

晶粒内部的衍射衬度

在透射电镜的明场像中，晶粒之间由于晶体取向差异会产生图像衬度，而晶粒内部的不同区域尽管取向差异非常小，也会出现明显的图像衬度。例如图 2 - 48 中，左边明亮的晶区里面也有暗区；而右边很暗的晶粒，内部也有相对明亮的区域。

图 2 - 44（c）~（f）四幅图中，每一幅图都是同一晶粒内部结构的影像。既然是属于同一晶区，不同区域的晶体取向应该基本相同，因此这些图像的衬度并非说明晶带轴指数的差异，那么，到底是什么原因导致晶粒内部的图像的明暗差异呢？回答这个问题的关键就是"偏离矢量"。

完整晶体的衍射强度基本运动学方程

为了弄清图 2 - 44（c）~（f）中晶粒内部图像衬度产生的原因，我们做一个计算，推导一定强度的入射电子束 $\vec{k}_0$ 穿过某个晶体微区后，某一束衍射束 $\vec{k}_g$ 强度的大小。如图 2 - 50（a）所示，首先在样品中沿入射束方向取一个微小晶柱区域，晶柱的尺寸可以小到晶胞或原子的量级（我们这里讨论晶格格点只有一个原子的情况）。

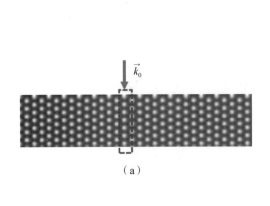
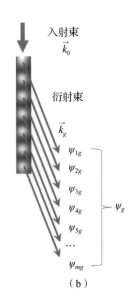

图 2 - 50 晶柱对电子的散射

每个原子沿着衍射方向 g 发射的衍射电子束波矢相同，都为 $\vec{k}_g$。假设样品很薄，衍射束不被邻近原子再次散射。对于样品在几个纳米到几十纳米厚度的情况，这个假设基本成立。另外注意衍射角度 2θ 其实是很小的，只是为了大家看得更清楚，让图 2 - 50 （b）中衍射角度远远超过实际情况。

如果要计算总衍射束强度，首先要计算总衍射束波函数 Ψ_g。它等于各个原子衍射波函数（指示 ψ_{1g}、ψ_{2g}、一直到最后一个原子 ψ_{mg} 的波函数）之和。

波函数包含振幅和相位。设每个原子衍射波函数的振幅相同，都等于 A；但相位不同。相位值是相对值，情形与位移值、能量值、化学势、电位等相同，想要知道某个原子 n 的衍射波函数 ψ_{ng} 的相位，首先要选择相位的参照衍射波，该衍射波的相位 =0。

若选择顶端第一个原子的衍射波为其他原子的衍射波相位的参照，那么从上到下第 n 个原子的相位是

$$2\pi(\vec{k}_0 - \vec{k}_g) \cdot \vec{r}_n$$

相位的计算如下。如图 2 - 51 所示，$\vec{k}_0 \cdot \vec{r}_n$ 实际上是原子 n 的衍射电子与参照原子（原子 1）的衍射电子之间沿入射方向的光程差与波长之比，$-\vec{k}_g \cdot \vec{r}_n$ 是原子 n 的衍射电子与参照原子（原子 1）的衍射电子之间沿衍射方向的光程差与波长之比，二者相加，再乘以 2π，就是原子 n 的衍射电子与参照原子的衍射电子的相位差（即原子 n 的衍射电子的相位）。

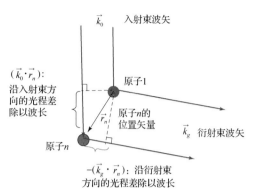

图 2 - 51 晶柱中原子之间的相位差

于是该晶柱（所有原子）的衍射束的波函数为：

$$\Psi_g = \sum_{n=1}^{m} A e^{i \cdot 2\pi (\vec{k}_0 - \vec{k}_g) \cdot \vec{r}_n} \tag{2.10}$$

将式（2.6）代入上式，有

$$\Psi_g = \sum_{n=1}^{m} A \exp[-2\pi i (\vec{g} + \vec{s}_g) \cdot \vec{r}_n] \tag{2.11}$$

根据晶体正空间点阵与倒易空间点阵的关系，有

$$\vec{g} \cdot \vec{r} = 整数 \tag{2.12}$$

代入式（2.11）得到

$$\Psi_g = \sum_{n=1}^{m} A \exp[-2\pi i \vec{g} \cdot \vec{r}_n - 2\pi i \vec{s}_g \cdot \vec{r}_n] \tag{2.13}$$

即

$$\Psi_g = \sum_{n=1}^{m} A \exp[-2\pi i \vec{s}_g \cdot \vec{r}_n] \tag{2.14}$$

因为偏离矢量 $\vec{s}_g$ 与入射波波矢 $\vec{k}_0$ 和衍射波波矢 $\vec{k}_g$ 几乎平行，因此偏离矢量 $\vec{s}_g$ 与晶柱中第 n 个原子的位置矢量 $\vec{r}_n$ 的点乘，等于 $\vec{s}_g$ 的大小 s_g 乘以位置矢量 $\vec{r}_n$ 在入射束方向或者说试样厚度方向的分量 t_n。我们设晶柱中原子间距沿着试样厚度方向的分量为 t，则 t_n 等于 nt。则有

$$\vec{s}_g \cdot \vec{r}_n = s_g nt \tag{2.15}$$

上式代入式（2.14），有

$$\Psi_g = \sum_{n=1}^{m} A \exp[-2\pi i s_g nt]$$

$$= A \frac{\sin(\pi m t s_g)}{\pi s_g} \exp[-\pi i s_g mt] \tag{2.16}$$

$$= A \frac{\sin(\pi s_g T)}{\pi s_g} \exp[-\pi i s_g T]$$

式中 T 是试样沿着电子入射方向的厚度。

则晶柱总衍射束强度 I_g 为

$$I_g = \psi_g \cdot \psi_g^* = A^2 \frac{\sin^2(\pi s_g T)}{(\pi s_g)^2} \tag{2.17}$$

式（2.17）是完整晶体衍射强度的基本运动学方程，是晶粒内部图像衬度分析的重要公式。

等倾条纹

对于厚度均匀并且等于 T 的试样，衍射束强度 I_g 是偏离矢量大小 s_g 的函数。根据式（2.17），函数 $I_g(T)$ 的图像如图 2-52 所示。对于一个函数的特征，首先要关注函数极值的位置，如最大值、最小值、极大值、极小值的位置。

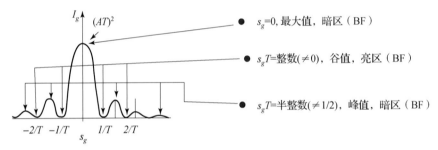

图 2-52 函数 $I_g(s_g)$ 的图像及特征

首先，在图中可以看到，衍射强度 I_g 的最大值在 $s_g = 0$ 处，也就是严格满足布拉格条件的情况。因此，如果晶体内部某处存在任一晶面 $\vec{g}$ 的偏离矢量大小 $s_g = 0$，该处将在明场像中是暗区，因为此处强烈的衍射意味着透射束较弱。另外，从图中看到，当某处 $s_g = \pm$ 厚度 T 的倒数（姑且我们称为倒易厚度），衍射强度衰减为 0，因此该处在明场像中是亮区。偏离矢量的大小继续增加，在某些位置，如等于二分之三倍、二分之五倍等半整数倍的倒易厚度处有极大值，但绝对值很小，远远小于 $s_g = 0$ 时的最大值，此处在明场像中也是暗区。此外，偏离矢量等于倒易厚度的整数倍处有极小值（不包括倒易厚度的 0 倍处），此处在明场像中是亮区。由于上述暗区或亮区往往呈现条纹特征，而同一暗纹或亮纹区域的 s_g 相同，意味着该区域某衍射晶面的"倾斜角度"相同，所以称为等倾条纹。

图 2-53 是一张在透射电镜下看到的某个金属薄膜样品的明场像图片，视野中各区域属于一个晶粒。图像中最暗的条纹区域，标识为 1，是某一衍射方向 $\vec{g}$ 或者说某一晶面 $\vec{g}$ 严格满足布拉格条件的区域，也就是某晶面 $\vec{g}$ 的偏离矢量大小 s_g 等于 0 的区域，

这里衍射强度最大，自然透射电子强度最小，所以明场像中最暗。

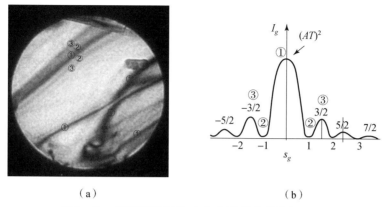

（a）

（b）

图 2 – 53　等倾条纹图像（a）及其晶体学特征（b）

标识为 3 的较暗的条纹区域，是 $s_g T = 3/2$ 的区域，或者说偏离矢量大小 s_g 等于 T 的区域，附近依次还有 s_g 等于 5/2 倍、7/2 倍倒易厚度的暗纹区域，但已非常微弱。1 和 3 之间的亮纹区域，则是 $s_g T = 1$，也就是 s_g 等于倒易厚度的区域。

由于 $s_g T > 1$（即 s_g 大于试样的倒易厚度 $1/T$）下衍射强度非常微弱，可以近似认为此时衍射强度等于 0，即如果某个晶面 $\vec{g}$ 或衍射束 $\vec{g}$ 的偏离矢量 s_g 大于倒易厚度，该衍射束不会出现在衍射花样中。

下面我们讨论，如何知道晶体内部的条纹区域，是因为哪个晶面 $\vec{g}$ 的偏离矢量大小 s_g 等于 0 的结果。

首先我们拿出这样一个晶格完整的单晶薄膜样品（图 2 – 54（a）），该样品在透射电镜中观察的时候，如果没有弯曲，是没有衬度的（图 2 – 54（b））。

（a）

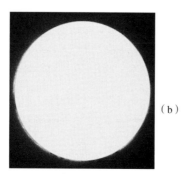

（b）

图 2 – 54　完整薄晶体（a）及其明场像（b）

但是透射电镜的样品往往非常薄，很容易发生翘曲（图2-55（a）），导致同一晶体内不同区域有很小的取向差别，有一些区域可能存在某个晶面的衍射正好满足布拉格条件而发生强烈衍射，而在明场像中与周围区域相比成为暗区（图2-55（b）），这些暗区常常是暗的条纹。同一暗纹或亮纹区域的某一晶面$\vec{g}$的偏离矢量$\vec{s}_g$相同，也就是说这些条纹区域某一晶面$\vec{g}$的取向严格相同，我们称为等倾条纹，顾名思义即晶面的倾斜程度严格相等的条纹区域。

看到这样的图像（图2-55（b）），我们首先应该意识到，那些最暗的区域中，可能会有某个晶面的衍射是严格满足布拉格条件的，或者说某个晶面或者倒易矢量$\vec{g}$的偏离矢量$s_g=0$。问题是，这些暗区到底是哪个晶面或者说哪个倒易矢量$\vec{g}$严格满足布拉格条件呢？那么下面的操作会告诉你答案。

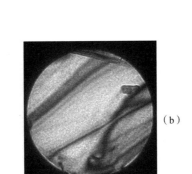

（a）

（b）

图2-55 弯曲晶体（a）及其明场像（b）

注意我们得到这张图像（图2-56（a）），采用的是明场像模式，也就是图2-56（a）右图表示的操作模式（图中红色虚线指示中间镜的对焦位置，此时对焦的位置是物镜的像平面）。

我们先切换为衍射模式（图2-56（b）），并且抽出物镜光阑。此时我们可以看到几个很亮的衍射斑点，我们分别标记为g_1、g_2、g_3、g_4。

然后调整中间镜焦距，令其对焦位置（即中间镜物平面）下移一点（图2-56（c））。可以看到荧光屏上显示的衍射花样有所变化，似乎每个衍射斑点变大了一些。

中间镜物平面再下移一点（图2-56（d）），衍射斑点变得更大，已经可以看到各个斑点中的图像了。

中间镜物平面继续下移，衍射斑点变得又更大了一些，各个斑点中的图像更加清晰明显（图2-56（e））。

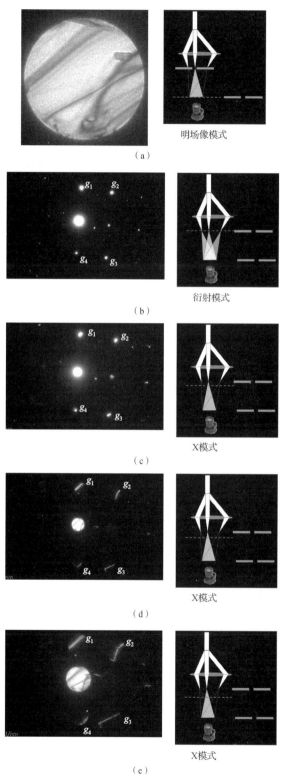

图 2-56　弯曲晶体在各种操作模式下的图像

至此，我们已经可以清晰地看到透射束中的图像（即明场像），明场像的暗区之所以很暗，是因为该区的某个衍射晶面或者倒易矢量严格满足布拉格条件了。每个暗条纹区，都与某个衍射斑点中的图像互补，由此得知各个暗条纹区的哪个晶面 $\vec{g}$ 严格满足布拉格条件，如图 2-57 所示。

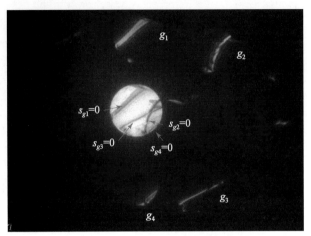

图 2-57　弯曲晶体的晶体学信息

kgs 关系

晶体内部图像衍射衬度的讨论，常常可以用厄瓦尔德反射球中的 kgs 关系进行解释。k 指的是波矢；g 指的是倒易矢量；s 表示偏离矢量。厄瓦尔德反射球是倒易空间中的一个虚拟球，如图 2-58 所示，虚线是反射球的球面，球心是入射波波矢 $\vec{k}_0$ 以及各衍射波波矢起点，球的半径等于入射束波矢 $\vec{k}_0$ 的大小（等于各衍射束波矢大小）。入射波波矢和各个衍射波波矢终点在反射球面上。入射波波矢的终点是倒易空间原点 0，以原点 0 为

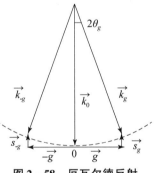

图 2-58　厄瓦尔德反射球中的 kgs 关系

起点的各个倒易矢量，比如 $\vec{g}$，与入射波波矢 $\vec{k}_0$ 以及对应的衍射波波矢 $\vec{k}_g$ 满足如下关系：

$$\vec{k}_g = \vec{k}_0 + \vec{g} + \vec{s}_g$$

当 $\vec{g}$ 的偏离矢量 $\vec{s}_g = 0$ 时，倒易矢量终点落在反射球面上与 $\vec{k}_g$ 重合，我们称晶面 $\vec{g}$ 或者倒易矢量 g 严格满足布拉格条件，此时 I_g 达到最大值。另外衍射波波矢 $\vec{k}_g$ 与入射波波矢 $\vec{k}_0$ 之间的夹角 $2\theta_g$，根据布拉格定律，由下面的公式确定：

$$2\theta_g = \frac{\lambda}{d} = \left| \frac{\vec{g}}{\vec{k}_g} \right| \tag{2.18}$$

式中，λ 为电子束波长，d 是晶面间距。对于透射电镜的电子衍射来说，$2\theta_g$ 其实是很小的角度。

首先来看一个完整均厚薄晶体的 kgs 关系及对应的衍射花样，如图 2 – 59（a）所示。该薄晶体样品中存在 A、B、C 三个区域。根据前面的衍射束强度公式，等厚薄膜试样某处衍射束波矢 $\vec{k}_g$ 的强度或者说衍射斑点 $\vec{g}$ 的强度，由对应的偏离矢量大小 s_g 决定，s_g 越大，强度越小；$s_g = 0$，强度最大，这是严格满足布拉格条件的情况。图 2 – 59 是对称入射的情况，即电子束严格平行于衍射晶面入射，或者说 $\vec{k}_0$ 严格垂直于 $\vec{g}$）。

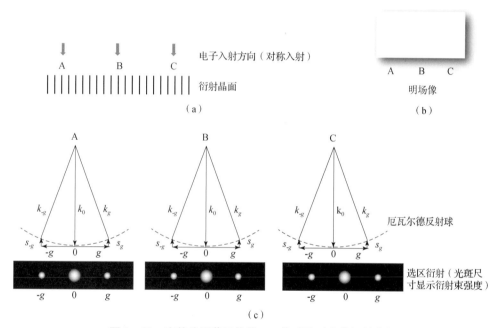

图 2 – 59　完整均厚薄晶体的 kgs 关系及对应的衍射花样

对于这种对称入射的情况，衍射晶面 $\vec{g}$ 的各级衍射（$\pm n\vec{g}$）的偏离矢量 $\vec{s}$ 都不等于 0，而且级数 n 越大，相应的偏离矢量长度 $s_{\pm ng}$ 越大，也就是相应的衍射斑点到厄瓦尔德球面越远，因而相应的衍射束或衍射斑点强度 $I_{\pm ng}$ 越弱，如果衍射斑点的偏离矢量长度超过试样的倒易厚度（也就是薄膜试样沿着入射方向的厚度的倒数），则认为强度 $I_{\pm ng}$ 为 0，该斑点不出现在衍射花样中。

注意，倒易空间中的每个量，在正空间中都有一个互为"倒易"的量，例如波矢与波长互为倒易，倒易矢量与晶面间距互为倒易，偏离矢量与试样的厚度互为倒易，等等。图 2 – 59 中的样品因为没有变形，三个区域 A、B、C 都是对称入射，三个区域的选区衍射花样都相同（图 2 - 59（c）），其中衍射斑点 g 与其中心对称的 $-g$ 亮度也相同，这是因为三个区域中衍射斑点 g 与 $-g$ 的偏离矢量 $\vec{s}_g$ 与 $\vec{s}_{-g}$ 相同。由于试样中各处取向完全相同，因而衍射束和透射束强度也完全相同，因此明场像中没有衬度（图 2 - 59（b））。

如果薄晶体试样在某个方向发生如图 2 - 60 所示的弯曲，则图像出现这样的衬度变化（图 2 - 60（b））。在弯曲后，B 区的晶面仍然是对称入射，而 A 区与 C 区则分别有某个衍射束 $\vec{k}_g$ 或者 $\vec{k}_{-g}$，或者说某个衍射斑点 g 或者 $-g$ 严格满足布拉格条件。A 区或者 C 区，到底是哪个衍射斑点严格满足布拉格条件，或者说其偏离矢量 $=0$？根据图 2 - 60（a）中晶面的倾斜方向以及随之倾斜的倒易矢量的倾斜方向，很容易判断。即，对于 A 区，衍射斑点 g 严格满足布拉格条件，或者说 $\vec{s}_g = 0$；而对于 C 区，衍射斑点 $-g$ 的偏离矢量 $\vec{s}_{-g} = 0$。至此，大家也许理解了为什么 A 区的选区衍射花样中，衍射斑点 g 亮度很大，而衍射斑点 $-g$ 亮度很弱（图 2 - 60（c））；而在 C 区的选区衍射花样中，衍射斑点 $-g$ 很亮，而衍射斑点 g 非常弱。

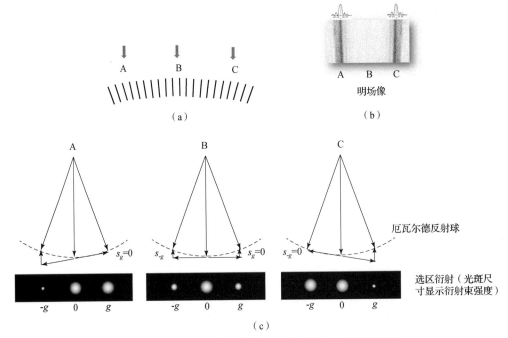

图 2 - 60　弯曲均厚薄晶体的 kgs 关系及对应的衍射花样

图 2 - 61 显示该弯曲试样拔出选区光阑以后（图 2 - 61（b）的操作状态下）衍射花样的特征。该衍射花样可以看作是图 2 - 60（c）中 A、B、C 三个衍射花样的叠加。衍射花样中，无论是衍射斑点 $-g$ 还是 g，强度都很大。因为，对于斑点 $-g$，有 C 区

严格满足布拉格条件而强度很大，斑点 $-g$ 的亮度主要来自 C 区的衍射；而对于斑点 g，有 A 区严格满足布拉格条件而强度很大，斑点 g 的亮度主要来自 A 区的衍射。

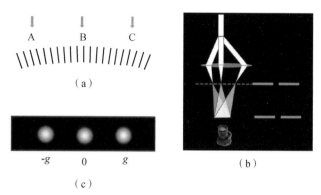

图 2 – 61 弯曲均厚薄晶体的 kgs 关系及对应的衍射花样

图 2 – 62 再次对薄膜试样弯曲前后衍射花样进行对比。弯曲前，各个衍射斑点强度不大，因为样品中任何区域在任何方向的衍射都不严格满足布拉格条件。而弯曲以后，对于斑点 $-g$ 和 g，分别都存在某个区域严格满足布拉格条件，所以都具有很大的强度。

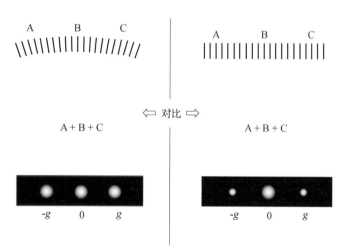

图 2 – 62 均厚薄晶在未弯曲与弯曲情况下的衍射花样变化

图 2 – 63 显示该弯曲试样衍射花样的各个斑点包括中心斑点中的样品图像。它们的特征分别是，对于中心斑点的明场像，区域 A 和 C 都是暗的，因为这两个区域都分别存在某个方向的衍射的偏离矢量等于 0 的情况而有强烈衍射，导致透射电子强度较弱；对于斑点 $-g$ 中的暗场像，C 区很亮，因为只有 C 区的 $-g$ 衍射严格满足布拉格条件；对于斑点 g 中的暗场像，A 区很亮，因为只有 A 区的 g 衍射严格满足布拉格条件。

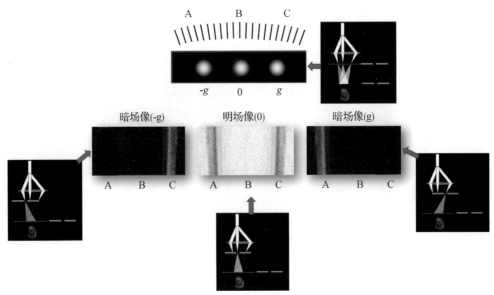

图 2 – 63　弯曲均厚薄晶体试样的衍射花样及各种操作模式下的图像

图 2 – 63 同时出示了衍射花样和各样品图像对应的电镜操作模式。衍射花样的操作模式是，中间镜物平面在物镜后焦面上，不插入物镜光阑也不插入选区光阑。获得透射斑点 0 的图像（明场像）的操作模式是，中间镜物平面在物镜像平面上，插入物镜光阑选择中心的透射斑点。获得衍射斑点 – g 中的图像（ – g 暗场像）的操作模式是，中间镜物平面在物镜像平面上，插入物镜光阑选择衍射斑点 – g；而获得衍射斑点 g 中的样品图像（g 暗场像）的操作模式是物镜光阑选择的是衍射斑点 g。

总之，透射电镜分析的基本功是：

- 看到明场像图像的衬度特征，能够想象样品不同区域的衍射花样示意图；
- 看到衍射花样的特征，能够想象不同衍射斑点中的图像示意图；
- 看到图像和衍射花样，能够想象透射电镜的操作模式示意图。

图 2 – 64 是一个沿多个方向弯曲的 Al 单晶薄膜试样，明场像（图 2 – 64（a））中暗条纹比较复杂。我们知道明场像中每条暗纹都是该暗纹区域因某个衍射晶面严格满足布拉格条件而发生强烈衍射形成的影像。如何确定每个暗纹区域是因为哪个衍射晶面的偏离矢量等于 0 而强烈衍射造成的呢？可以有两种方法。一种是，先进入衍射模式然后在该模式下适当的过焦，让明场像、暗场像、衍射花样同时显示，就可以看到图像中哪些区域的哪个衍射晶面严格满足布拉格条件。另外一种方法是，进入衍射模式，可以看到该试样的衍射花样中有些异常明亮的衍射斑点；然后用暗场像模式观察这些衍射斑点中的图像，如果某个衍射斑点，如衍射斑点 g_1（即（$\bar{3}03$），图 2 – 64

（b）），里面的图像如图 2 – 64（c）所示，它与明场像（图 2 – 64（a））箭头所示暗纹互补，说明箭头所示区域之所以较暗，是因为这个区域的（$\bar{3}$03）晶面的衍射严格满足布拉格条件而强烈衍射的结果。其他暗条纹的形成原因，也可以用类似方法得以说明。

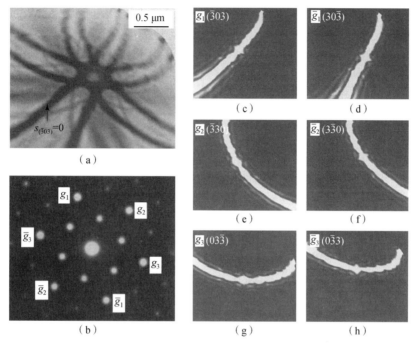

图 2 – 64　弯曲均厚 Al 单晶薄膜试样

（a）明场像；（b）衍射花样；（c）~（d）各衍射斑点中的暗场像

下面我们讨论位错的衍射衬度。我们看看位错如何显示自己的形貌。如图 2 – 65 所示，在完整晶体中引入了一个刃型位错（插入多余半原子面）。设基体的衍射晶面 $\vec{g}$ 的偏离矢量 $\vec{s}_g$ 不等于 0，而多余半原子面的存在，会轻微改变附近区域衍射晶面的取向，导致该衍射晶面偏离矢量 $\vec{s}_g$ 的改变，如果使得该偏离矢量 = 0，因强烈衍射，该区域在明场像中亮度极大降低，而显现位错线的形貌。可以看到，图像中位错线的位置偏离它的实际位置。所有晶体缺陷都可以按照这种方式显示它们的形貌。图 2 – 65 中黑色的区域，也就是位错的形貌，都是某个衍射晶面 $\vec{g}$ 严格满足布拉格条件的区域。如何知道是哪个晶面严格满足布拉格条件，前面已多次讨论不再赘述。当然，位错等晶体缺陷并不一定都会显示自己，比如多余半原子面垂直于衍射晶面 $\vec{g}$，或者更一般的情况，位错的泊氏矢量 $\vec{b}$ 垂直于倒易矢量 $\vec{g}$，这时位错就看不到了，因为此时位错不会导致衍射晶面的倾转。泊氏矢量 $\vec{b}$ 与倒易矢量 $\vec{g}$ 的点乘等于 0，是位错不可见判据。

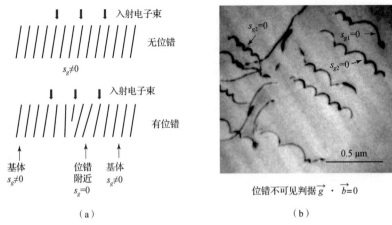

图 2-65 位错的衬度

（a）位错导致衍射晶面的倾转；（b）明场像中的位错形貌

等厚条纹

前面我们讨论的是厚度均匀薄膜试样的衍射衬度。下面我们简单讨论一下厚度变化试样的衍射衬度。这种情况下，根据衍射强度公式（2.17）我们建立厚度为自变量的衍射函数 $I_g(T)$，该函数图像如图 2-66（a）所示。该函数图像的特征是：明、暗场像是周期性排列、明暗相间的条纹；$s_g T =$ 整数时，衍射强度是极小值，明场像中为亮区；$s_g T =$ 半整数，衍射强度为极大值，明场像为暗区。

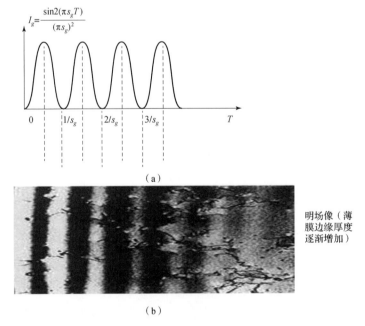

明场像（薄膜边缘厚度逐渐增加）

图 2-66 衍射函数 $I_g(T)$ 图像及对应的明场像

图 2 – 66（b）是试样的图像与函数图像的对应关系，其中试样的衍射晶面 $\vec{g}$ 的偏离矢量 $\vec{s}_g$ 是恒定值，试样厚度从左到右逐渐增加。在明场像中，$s_g T = 1，2\cdots$ 等整数的区域对应明纹，$s_g T = 1/2，3/2\cdots$ 等半整数的区域对应暗纹。这样的条纹，我们称为等厚条纹，意思是同一条纹区域的厚度是相同的。

如果晶界、亚晶界、孪晶界、层错等属于图 2 – 67 所示的倾斜晶界，而下方晶粒偏离布拉格条件甚远，可认为电子束穿过这个晶粒没有衍射发生，则上方晶粒在一定的布拉格条件偏差下（$\vec{s}_g =$ 常数）可以产生等厚条纹。

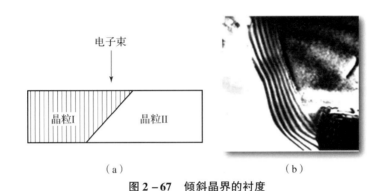

（a）　　　　　　　　　　　　（b）

图 2 – 67　倾斜晶界的衬度

（a）倾斜晶界示意图；（b）倾斜晶界的等厚条纹

透射电镜薄膜试样的边缘往往既弯曲，厚度也有变化，因此同时会出现等倾条纹和等厚条纹。哪些是等倾条纹，哪些是等厚条纹，其实很容易鉴别。因为等倾条纹与等厚条纹有明显不同的特征，前者纹路一般宽泛而弯曲，后者纹路平行而细密（图 2 – 68）。

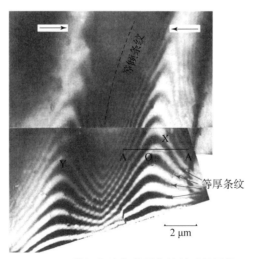

图 2 – 68　等倾条纹与等厚条纹的重叠图像

关于衍射衬度的小结

● 对于均厚试样，不同晶粒之间的衍射衬度反映了晶体在入射电子束方向的晶带轴指数高低。明场像中，晶带轴指数低者较暗，晶带轴指数高者较亮；

● 对于均厚试样，晶粒内部的衍射衬度反映了晶体的偏离矢量大小。如果某一区域在某一衍射方向 $\vec{g}$ 的偏离矢量 $s_g = 0$，则在明场像中是暗区；

● 对于非均厚试样，晶粒内部存在明暗相间的条纹，其衬度反映的是晶体厚度 T 的变化。当 $s_g T =$ 半整数时，明场像中是暗纹；当 $s_g T =$ 整数时，明场像中是明纹。

总之记住，晶粒之间取向的很大不同（晶带轴不同）可能造成很大的明暗差异；更要记住，即使很小的取向差异，也会形成很大的明暗差异。这种差异的根源，来自你是否严格满足布拉格条件。只有严格满足布拉格条件，才能凸显你自己。

2.7　复杂衍射花样

对称与非对称入射的衍射花样

前面我们讨论的单晶的电子衍射花样，一般是二维的规则斑点阵列。它是倒易晶格零层倒易面的倒易点阵的影像（或者说倒易晶格像）。零层倒易面是倒易晶格中包含原点的倒易点阵平面。图 2 – 69 显示倒易晶格的一个零层倒易面及其影像（衍射花样）。图中的中心圆点表示倒易晶格原点（即倒易空间的原点）。

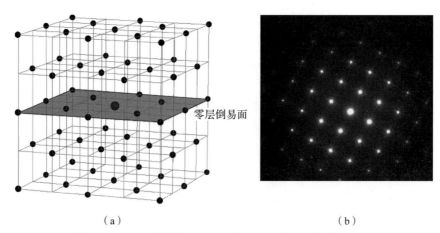

（a）　　　　　　　　　　　　　　　（b）

图 2 – 69　零层倒易面（a）及其影像（即衍射花样）（b）

并非所有零层倒易平面上的倒易格点都会出现在衍射花样中。哪些倒易格点会出现，如前所述，取决于它的偏离矢量大小与倒易厚度的对比。只有其偏离矢量长度小于倒易厚度的倒易格点才能出现。

对于倒易晶格的原点，也就是透射电子束或者说中心斑点，它总是在反射球面上，其偏离矢量为零，所以总是出现在衍射花样中并且亮度比较大。零层倒易面中，距离原点或者说中心斑点较远的倒易格点的偏离矢量一般比较大，如果大于倒易厚度，就不会出现在衍射花样中了。所以衍射花样中只能出现有限数量的倒易格点的影像。

如前所述，单晶衍射花样中某个衍射斑点的强度，取决于它的偏离矢量的大小。这里我们用动画（视频 2 – 13）来演示衍射晶面的倾转如何改变各级衍射斑点的偏离矢量，从而改变这些衍射斑点的亮度。

视频 2 – 13　衍射晶面的倾转改变各衍射斑点的亮度

当然，斑点亮度，还取决于衍射角度 2θ（θ 是布拉格角）。如果不考虑偏离矢量的影响，衍射角越小，亮度越大。因为较小衍射角或者说散射角度的电子，说明它们受原子核吸引较小，进一步说明它们来自距离原子核较远的位置。显然，距离原子核较远位置的（入射）电子比距离原子核较近位置的电子数量更多。这在倒空间（衍射花样）里的表现则是，距离（倒空间）中心较近的（散射）电子的数量比距离中心较远的电子的数量更多。再次提示了正空间与倒空间之间"相反"的规律。

对于单晶衍射花样，大家总是喜欢对称的图案，那么如何操作电镜才能获得对称花样呢？这需要倾转样品，让衍射花样的晶带轴与入射电子束严格平行（图 2 – 70（a））。当然，实际操作时我们也看不到晶带轴。实际操作时，在衍射模式下适当倾转样品，此时看到各个衍射斑有明暗变化，但位置不变。

我们不断倾转样品一直到衍射花样亮度整体上均匀对称，此时可以认为衍射花样的晶带轴与入射电子束平行了，或者说晶带轴"转正"了。此时电镜的操作状态称为对称入射。对称入射状态下，从 kgs 图（图 2 – 70（a））上可以看到反射球与零层倒易面是相切的，切点是原点。一般情况下衍射花样是非对称入射条件下拍到的，花样是非对称的（图 2 – 70（b））。非对称入射时，反射球与零层倒易面是交割的，电子入射方向与该倒易平面不垂直。

如何才能从非对称衍射花样通过适当操作得到对称衍射花样呢？我们可以通过倾转试样，也可以通过倾斜入射束来达到目的。为了更好理解这个问题，我们可以把反射球比做一个均匀发光的荧光球灯（图 2 – 71），球灯的球面系在倒易晶格原点，如果

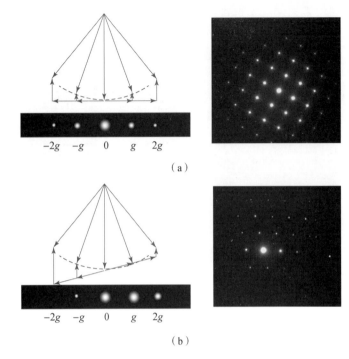

图 2 - 70　对称及非对称入射的 *kgs* 关系于衍射花样

（a）对称入射；（b）非对称对称入射

球灯与倒易面在原点相切，则零层倒易面上的照射强度相对于原点是对称的，原点最亮，其他区域的照射强度与它到球面的距离成反比。这样的衍射花样是对称的。

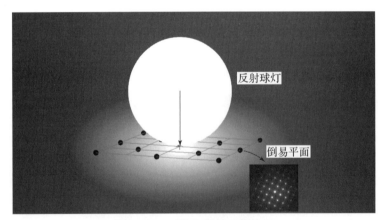

图 2 -71　对称入射的反射球灯

　　如果入射电子方向相对于晶带轴方向顺时针方向倾斜（图 2 - 72），或者样品逆时针方向倾转，可以看到原点右侧倒易面区域照射强度会增加，而左侧照射强度会减弱。此时，衍射花样中右侧衍射斑点亮度会增加，左侧衍射斑点亮度会减弱，整个衍射花样呈现不对称特征。

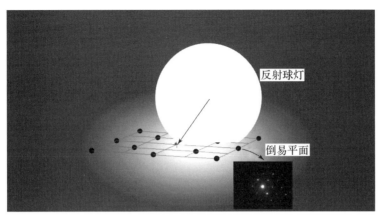

图 2 - 72　非对称入射的反射球灯

至此，对于图 2 - 73 的非对称衍射花样，我们应该知道此时反射球灯的大概取向。图中的衍射花样整体亮度相对于这个中心斑点偏向右上侧，说明我们的反射球灯位置在零层倒易面上相对于原点偏向右上侧位置，倒易平面上原点右上侧倒易格点离球面比较近，导致相应斑点亮度比较强，原点左下侧格点离球面比较远，所以相应斑点亮度较弱。

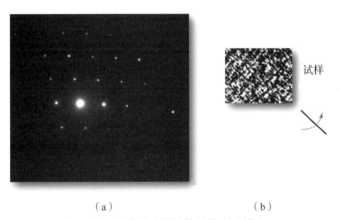

（a）　　　　　　　　　　　　　（b）

图 2 - 73　非对称衍射花样的对称操作

因此，我们按照图 2 - 73（b）中箭头所示的方式来倾转试样，让右上部分倒易格点远离反射球面而减弱它们的衍射强度，左下部分格点靠近反射球面而增强它们的衍射强度，直到两侧强度对称，就可以获得对称衍射花样。注意正空间和倒空间影像的倾转是同步的。

衍射花样中异常明亮的衍射斑点

只有完美无缺的晶体在对称入射时，衍射花样才是绝对对称的，相应的明场像是没有衬度的（图 2 – 74（a））。如果在对称入射时，有些斑点异常明亮，而相应的明场像会有暗区（图 2 – 74（b）），原因可能是晶体缺陷的存在或者晶体弯曲，造成某些区域中晶格扭曲、晶面倾转，而一些晶面正好倾转到偏离矢量 =0，因而它的衍射会异常突出。

这些异常突出的衍射斑点的暗场像中（图 2 – 74（c）），一定会发现一些区域特别明亮。就是这些特别明亮的区域，它的相应的衍射方向（或衍射晶面）严格满足布拉格条件，它对这个异常明亮的衍射斑点亮度贡献最大。

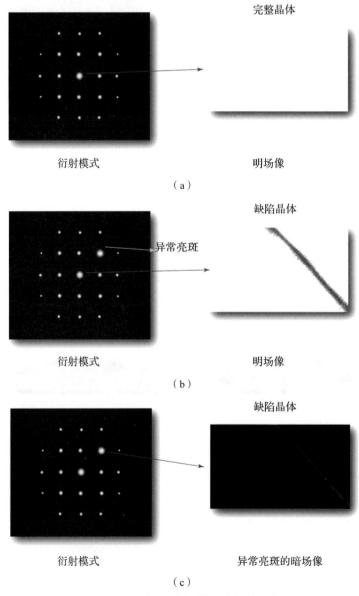

图 2 –74　对称入射下的异常衍射斑点

关于晶体缺陷的衍射花样与图像的关系，可观看视频 2 – 14、视频 2 – 15。

多晶衍射花样

前面我们主要讨论单晶衍射花样的情况。如果不是单晶，而是含有两个或者更多不同取向的晶粒的样品，那么，衍射花样则是各个晶粒的衍射花样的重叠。这样的衍射花样往往比较复杂，需要比较细心的观察分析，才能从中分解出一组一组的规则二维斑点阵列，每一组斑点阵列属于一个晶粒，据此我们对各个晶粒进行物相与取向分析。

如图 2 – 75（a）所示为包含两个晶粒的试样的明场像。图 2 – 75（b）为该试样的衍射花样，看起来比较复杂，但是仔细观察，可以发现有两套斑点（图 2 – 75（c）），一套是红色虚线连接的斑点阵列，一套是黄色虚线连接的斑点阵列。整个衍射花样是图 2 – 75（c）右侧两套斑点的重叠。每套斑点阵列对应一个晶粒。

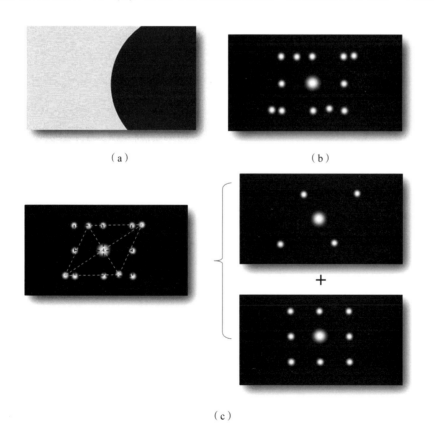

图 2 – 75　多晶衍射花样及其分解

（a）包含两个晶粒的试样（明场像）；（b）衍射花样；（c）衍射花样的分解

根据上述信息，大家是否能够画出图 2 – 75（b）中每个斑点中的图像？

为回答这个问题，首先需要把衍射花样的斑点分组。如图 2 – 76 所示，这里已经分成了两组斑点。这两组斑点分别是两个晶粒的衍射花样。那么每组斑点分别是哪个晶粒的衍射花样呢？这需要比较两个晶粒的明暗。右边晶粒较暗，说明透射电子强度较小，意味着总衍射强度较强，也意味着一般情况下它的衍射斑点较多并且比较靠近中心斑点，这正是红色虚线连接的这套衍射斑点的特征。

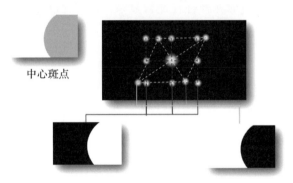

中心斑点

图 2 – 76　多晶衍射花样及其斑点中的图像

因此，答案是这样的：中心斑点中的图像特征是左边晶粒较亮而右边晶粒较暗；红色虚线连接的 8 个衍射斑点，是右边晶粒的衍射斑点，因此这些斑点的图像中，右边晶粒是亮的，其他区域是暗的；黄色虚线连接的 4 个衍射斑点，是左边晶粒的衍射斑点，因此这些斑点的图像中，左边晶粒是明亮的，其他区域是暗的。

如果选区的样品区域内晶粒特别多，并且这些晶粒的取向完全随机，那么该晶粒的每个晶面、每个取向都有同样的衍射机会，那么衍射花样则是一系列同心亮环（图 2 – 77）。

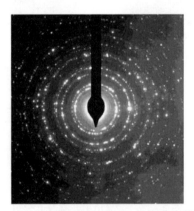

图 2 – 77　多晶衍射环（NiFe 多晶纳米薄膜）

视频 2 – 16 显示，属于同一晶带轴、但取向不同并且随机分布的各个晶粒的衍射图叠加形成的衍射花样，可以看作其中某个晶粒的衍射图绕中心斑点旋转形成。再叠加其他晶带轴的衍射花样的旋转图，就形成了整个多晶衍射环状花样。容易理解，这样的多晶衍射环与 X 射线衍射谱有很好的位置对应关系（图 2 – 78）。

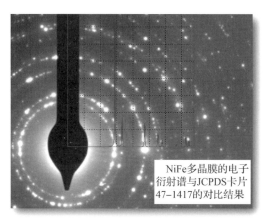

视频 2 – 16　多晶
衍射花样的形成

NiFe多晶膜的电子
衍射谱与JCPDS卡片
47–1417的对比结果

图 2 – 78　多晶衍射环与 XRD 的对应关系

注意多晶样品中，如果各个晶粒的取向并非完全无序，而是具有择优取向，这样的多晶体称为具有织构性。有织构的多晶试样，如气相沉积、溶液凝析、电解沉积产物，它们的电子衍射谱的特征是由弧段构成的环状花样（图 2 – 79）。

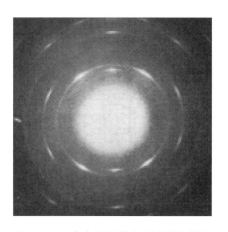

图 2 – 79　存在织构的多晶试样衍射环

根据结构消光规律，不同晶系的多晶衍射环有不同特征，可以根据这个特征来鉴别它属于哪种晶系。比如图 2 – 80（a）是体心立方晶系的多晶衍射环，从内到外各个环的半径值存在如下数学关系：

$$R_1^2 : R_2^2 : R_3^2 : R_4^2 R_5^2 : R_6^2 \cdots = 2 : 4 : 6 : 8 : 10 : 12 \cdots ;$$

图 2–80（b）是面心立方晶系的多晶衍射环，各个环的半径值存在如下关系：

$$R_1^2 : R_2^2 : R_3^2 : R_4^2 R_5^2 : R_6^2 \cdots = 3:4:8:11:12:16\cdots。$$

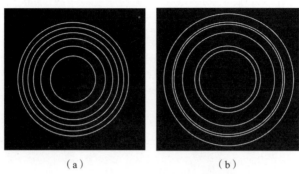

（a）　　　　　　　　　（b）

图 2–80　不同晶体结构类型多晶衍射环

（a）体心立方；（b）面心立方

由此，可以看出图 2–81 是面心立方晶系的多晶衍射。而且晶粒越细小，取向越随机，衍射环越连续均匀。因为细小晶粒组织有数量更多的随机取向晶粒参与衍射。

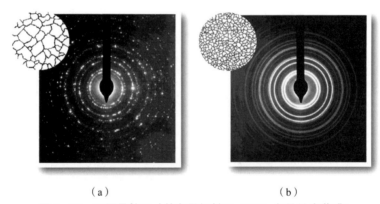

（a）　　　　　　　　　（b）

图 2–81　不同晶粒尺寸的多晶衍射环（NiFe 多晶纳米薄膜）

（a）粗晶粒；（b）细晶粒

孪晶衍射花样

如图 2–82、图 2–83 所示，孪晶是指两个晶体（或一个晶体的两部分）沿一个公共晶面构成镜面对称的位向关系，这两个晶体就称为"孪晶"，此公共晶面就称孪晶面。孪晶面的法线方向称为孪晶轴。立方晶系中孪晶面的指数与孪晶轴的指数相同，其他则不同。层错能低的金属容易形成孪晶。

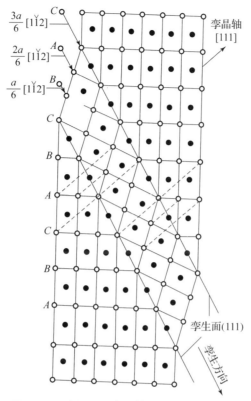

$\dfrac{3a}{6}[1\bar{1}2]$　C

$\dfrac{2a}{6}[1\bar{1}2]$　A

$\dfrac{a}{6}[1\bar{1}2]$　B

孪晶轴
[111]

C

B

A

C

B

A

孪生面(111)

孪生方向

图 2 − 82　孪晶面、孪晶轴、孪生方向示意图

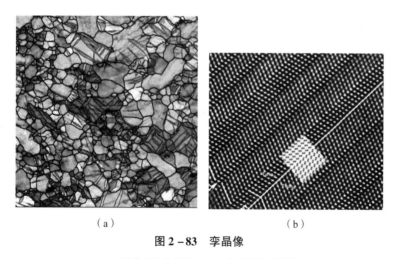

（a）　　　　　　　　　　（b）

图 2 − 83　孪晶像

（a）镁合金拉伸孪晶；（b）孪晶的高分辨像

　　孪晶可以认为是晶体的一部分绕孪晶轴旋转 180° 而成；也可以认为是晶体的部分原子在与孪晶面平行的原子面上沿一定晶向平移一定距离而成，该方向称为孪生方向。孪晶面与孪晶面上的孪生方向构成孪晶系统。面心立方晶系的孪生面为 ｛111｝，孪生方

向为 <112>。体心立方晶系的孪生面为 {112}，孪生方向为 <111>。密排六方晶系的情况比较复杂，如表 2 – 6 所示。

表 2 – 6　密排六方晶格的孪生系统

元素	孪生面	孪生方向
Cd，Mg，Ti，Zn，Co	$\{10\bar{1}2\}$	$<10\bar{1}\bar{1}>$
Mg	$\{10\bar{1}1\}$	$<10\bar{1}\bar{2}>$
Zr，Ti	$\{11\bar{2}1\}$	$<10\bar{2}\bar{6}>$
Zr，Ti	$\{11\bar{2}2\}$	$<10\bar{2}\bar{3}>$

当晶体形成孪晶时，在电子衍射谱上，将同时出现分别对应于基体和孪晶部分的倒易点阵影像。两者共原点，但是后者相对于前者，以孪晶轴为对称轴，发生 180°旋转。由于衍射花样的 180°不唯一性，因此，如果电子束沿着孪晶轴入射，孪晶衍射斑点将与基体衍射斑点重合。如果入射电子束不与孪晶轴平行，则孪晶的部分衍射斑点不与基体斑点重合，对于立方晶系，这些不重合的斑点往往出现在基体衍射斑点之间的三分之一位置处（图 2 – 84）。

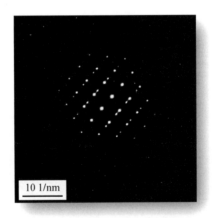

图 2 – 84　不锈钢的孪晶衍射斑点

孪晶斑点的标定过程可以参考视频 2 – 17。其中涉及 Carine 软件的使用，请参阅附录：Carine 晶体学分析软件。

视频 2 – 17
孪晶衍射花样的
标定示例

二次衍射花样

首先看看晶体中电子的二次衍射现象。如图 2 – 85（a）所示，如果晶体很薄，入射电子进入样品发生一次衍射后就会离开试样。

如果晶体比较厚，一次衍射束会再次被晶面衍射，称为二次衍射（图 2 - 85 （b））。如果电子束穿行的晶体区域取向不变，那么二次衍射方向与透射束方向会相同，最终衍射花样与薄晶体衍射花样斑点位置相同，只是亮度分布可能有变化。

但如果电子穿行晶体时，晶体取向有变化（图 2 - 85 （c）），也就是引发二次衍射的晶面取向可能与引发第一次衍射的晶面取向不同，则最终的衍射花样会有变化。

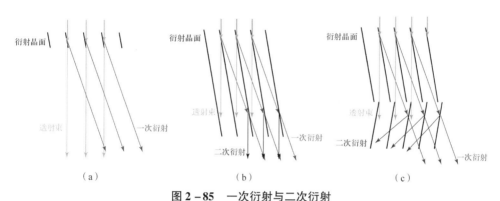

图 2 - 85　一次衍射与二次衍射

（a）薄晶体的一次衍射；（b）（c）较厚晶体的二次衍射

图 2 - 86 （a）中有两个不同取向且沿着电子入射方向未重叠的薄晶体，衍射晶面取向如图中条纹所示。电子束沿着垂直于屏幕的方向入射之后，衍射花样如图 2 - 86 （b）所示。其中上下两个衍射斑点是左边方形晶粒的衍射；左右两个衍射斑点，是右边圆形晶粒的衍射。

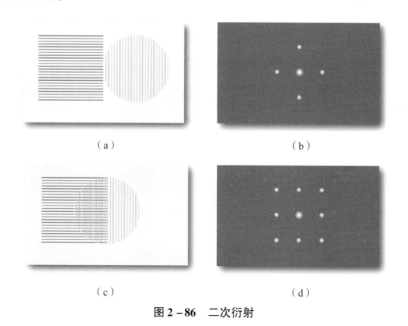

图 2 - 86　二次衍射

（a）未重叠的两个薄晶体；（b）（a）的衍射花样；（c）重叠的两个薄晶体；（d）（c）的衍射花样

如果这两个薄晶体重叠（图2－86（c）），与图2－86（b）相比，将出现额外几个斑点（图2－86（d））。这几个额外斑点，就是二次衍射电子束。

如果晶粒周围的区域对电子束透明，那么图2－86（d）中的9个斑点中的图像是什么样的图像呢？

答案如图2－87所示。

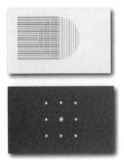

图2－87　二次衍射斑点与透射斑点中的图像

当然，如果属于这种情况（图2－88（a）），即两个重叠晶粒取向相同，则不会出现多余的二次衍射斑点（图2－88（b）），但是二次衍射会发生。只是二次衍射的方向与透射或者一次衍射方向相同，或者说，二次衍射斑点与透射斑点或者一次衍射斑点重合。

如果两个晶粒以这种方式部分重叠，但取向稍有差别（图2－88（c）），则衍射花样的二次衍射斑点非常靠近中心斑点以及一次衍射斑点（图2－88（d））。这样的二次衍射斑点称为卫星斑点。

在这种情况下，明场像中往往会观察到周期平行排列的条纹（图2－88（e）），称之为摩尔纹。出现摩尔纹的原因，是因为二次衍射斑点距离透射斑点太近，物镜光阑选择透射斑点成像时，往往不可避免地选择了附近的二次衍射斑点（图2－88（e））。这些二次衍射斑点与透射斑点在物镜像平面上会发生干涉，形成干涉条纹。摩尔纹就是透射束与附近的二次衍射束之间的干涉条纹。这种现象在金属样品的电镜观察中比较普遍。

那么，二次衍射斑点中的图像是什么样呢？

答案如图2－89所示：在二次衍射斑点中的图像中，原来的摩尔纹区域，也就是晶粒重叠区，是亮区，其他区域是暗区。这是因为这些二次衍射斑点，是该重叠区的二次衍射束。

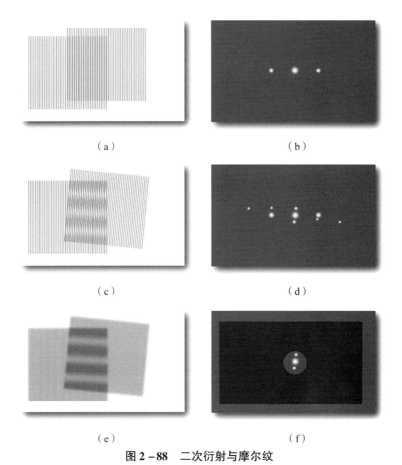

图 2 - 88　二次衍射与摩尔纹

（a）取向相同重叠薄晶体；（b）（a）的衍射花样；（c）取向稍有差别的重叠薄晶体；
（d）（c）的衍射花样；（e）明场像中的摩尔纹；（f）图（e）的操作模式

图 2 - 89　二次衍射斑点中的图像

（a）二次衍射斑点中的图像；（b）图（a）的操作模式

　　下面举例说明二次衍射斑点是如何形成的。如图 2 - 90 所示，对于两个薄晶体的重叠区，入射电子先穿过上层晶体，分成图中水平排列的三束电子束，透射束 + 两束衍射束。

这三束电子束下行，穿过下层的晶体。每一束电子束按照下层晶体的衍射方式再次分成三束电子束，形成图 2 – 90（b）所示的衍射花样。

为了进一步看清二次衍射斑点的来源，我们对衍射斑点进行标记：上层晶体的透射斑点 0_u，衍射斑点 g_{u1}，衍射斑点 g_{u2}，字母"u"表示 upper；下层晶体的透射斑点 0_l，衍射斑点 g_{l1}，衍射斑点 g_{l2}，字母"l"表示 lower。

电子束穿过下面的薄晶体后，各个斑点表示如图 2 – 90（b）所示，中心斑点是上层晶体的透射斑点 0_u 在下层晶体中的透射；斑点"$g_{u1} \rightarrow 0_l$"是上层晶体的 g_{u1} 衍射束在下层晶体中的透射，斑点"$g_{u1} \rightarrow g_{l1}$"是上层晶体的 g_{u1} 衍射束在下层晶体中的 g_{l1} 衍射，等等。总之，发生二次衍射形成衍射花样时，上一层晶体的衍射花样中每一个斑点（包括中心斑点），都被下一层晶体的衍射花样所取代。在取代时，下一层衍射花样的中心斑点与被取代斑点重合。

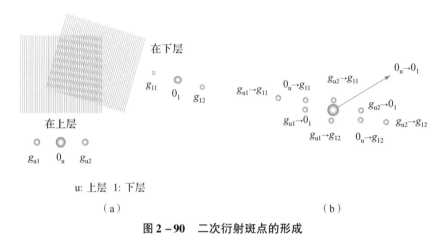

u: 上层　l: 下层

（a）　　　　　　　　　　　　　（b）

图 2 – 90　二次衍射斑点的形成

（a）部分重叠的薄晶体；（b）图（a）重叠区域的衍射花样

对于某些晶系，如密排六方晶系，即使上下两层晶体取向相同，也会由于二次衍射导致在"结构消光"[①] 的位置出现斑点。比如图 2 – 91 中打"×"的位置，是密排六方晶体结构消光的位置，但是较厚试样的电子衍射中往往会看到这些位置有弱的斑点出现，这就是由于二次衍射造成的。

例如图 2 – 91 中（$2\bar{1}\bar{1}3$）的位置，本来是满足结构消光条件的位置，但是如果试样比较厚，往往会在这个位置看到有较弱的斑点，这个斑点其实不是（$2\bar{1}\bar{1}3$）晶面的衍射，而是晶体上层（$1\bar{1}03$）衍射束在下层晶体的（$10\bar{1}0$）衍射，或者是晶体上层

---

① 密排六方晶系的消光条件：对于晶面（$hkil$），$h + k + l = 3n$，$l = 2m + 1$，其中 m、n 是任意整数。

（10$\bar{1}$0）衍射束在下层晶体的（1$\bar{1}$03）衍射。

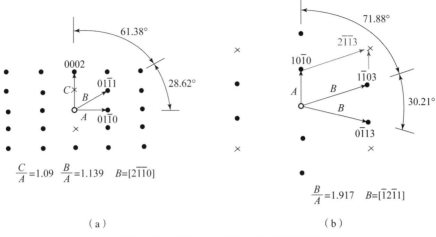

$$\frac{C}{A}=1.09 \quad \frac{B}{A}=1.139 \quad B=[2\bar{1}\bar{1}0]$$

$$\frac{B}{A}=1.917 \quad B=[\bar{1}2\bar{1}1]$$

（a）　　　　　　　　　　　（b）

图 2 - 91　密排六方晶体的电子衍射花样

（a）$B=[2\bar{1}\bar{1}0]$；（b）$B=[\bar{1}2\bar{1}1]$

图 2 - 92 是六方结构的钙钛矿相沿 ［010］ 方向入射得到的电子衍射花样。其中图 2 - 92（a）是在较厚的地方得到，而图 2 - 92（b）是在较薄的地方得到。在较薄的地方，由于没有二次衍射花样的动力学效应，可以清楚地看到花样中存在相当多消光的斑点，但是在较厚的地方，由于存在二次衍射的矢量平移，使得本应消光的斑点看起来不消光了。

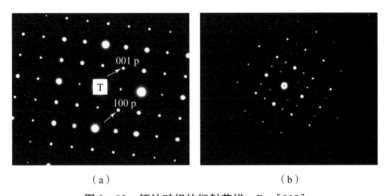

（a）　　　　　　　　　　　（b）

图 2 - 92　钙钛矿相的衍射花样，B = ［010］

（a）较厚处；（b）较薄处

劳厄带衍射花样

有些衍射花样中，在包含透射斑的规则斑点阵列周围，出现了不属于该阵列的衍射斑点，它们是晶体的倒易点阵中高阶倒易面上倒易阵点的影像，称为高阶劳厄带斑点。图 2 – 93 中间的斑点阵列是零级倒易平面的倒易格点影像，称为零阶劳厄带衍射，它包含透射斑点。外围这一圈衍射斑点则是高阶劳厄带斑点。

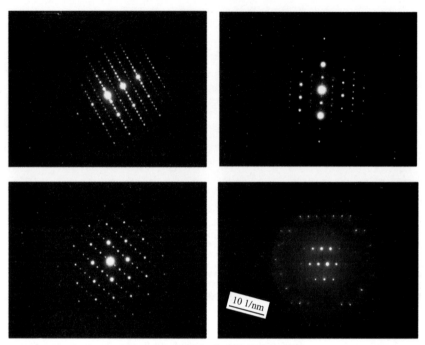

图 2 – 93   零阶与高阶劳厄带衍射图

什么零阶劳厄带衍射斑点？什么是高阶劳厄带衍射斑点？解释这两个问题还要回到倒易晶格。图 2 – 94 是体心立方晶格的倒易晶格，每个格点代表一个晶面或者倒易矢量，上面的数字是晶面指数。其中黑色格点是不消光的倒易格点。

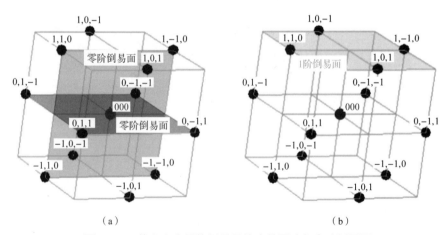

（a）   （b）

图 2 – 94   体心立方晶体倒易晶格中的零阶与高阶倒易面

（a）零阶倒易面；（b）以阶倒易面

图 2 - 94 （a） 中的格点 （110）、（ - 110）、（ - 1 - 10）、（1 - 10） 它们所在的平面，包含了原点 000；格点 （01 - 1）、（011）、（0 - 11）、（0 - 1 - ） 1 它们所在的平面，也包含原点。这些包含原点的倒易平面上的任意格点的晶面指数与晶带轴指数点乘等于 0，因此这些斑点称为该晶带轴的零阶劳厄带斑点，以纪念 1912 年诺贝尔物理学奖获得者、发现晶体 X 射线衍射的德国物理学家马克思·冯·劳厄。

而其他倒易平面上倒易格点的指数与该倒易面的晶带轴指数点乘等于不为 0 的整数 N，这样的倒易面称为高阶倒易面 （图 2 - 94 （b）），高阶倒易面上的衍射斑点，称为高阶劳厄带斑点。比如图 2 - 94 （b） 中包含格点 （110）、（101）、（1 - 10）、（10 - 1） 的倒易面，N 等于 1，是 1 阶倒易面，当它们的影像出现在衍射花样中时，称为 1 阶劳厄带斑点。N 阶倒易面上所有倒易矢量 （hkl） 与该倒易面指数 （即晶带轴 [uvw]） 满足下面的公式：

$$[hu + kv + lw] = N \qquad (2.19)$$

该公式称为广义晶带定律。

如前所述，倒易晶格上的格点的影像是否出现在透射电镜的衍射花样中，取决于这些格点到厄瓦尔德球面的距离，只有距离小于倒易厚度才会出现。这对于高阶倒易面也是适用的。

图 2 - 95 显示了某个晶体的倒易晶格的厄瓦尔德反射球以及零阶倒易面、1 阶倒易面、2 阶倒易面中反射球面附近的格点。格点上这些竖直短棒，表示倒易厚度。格点上下的短棒长度部分都等于倒易厚度，即短棒总长度等于 2 倍倒易厚度。这里我们把这些短棒叫作倒易棒。倒易棒的意义在于，只有它碰触厄瓦尔德球面，相应的衍射斑点才会出现在衍射花样中。

在图 2 - 95 中，倒易空间的原点总是在反射球面上，它总会出现；零层倒易面上原点附近的倒易格点距离球面比较近，也比较容易出现。高阶倒易面上的格点一般只有衍射角度很大的格点才靠近球面。而衍射角度很大的电子往往不能通过透镜而到达荧光屏或 CCD 传感器。而高阶倒易面上衍射角较小的格点一般离球面比较远，超过倒易厚度，也不出现。

高阶倒易面上的阵点容易出现的情况如下：点阵常数较大 （即倒易矢量较小），波长较长 （即倒易球半径较小），试样厚度较小 （即倒易厚度较大） 因而倒易棒较长，入射电子束与晶带轴偏离较大 （即非对称入射），等等。注意物镜焦平面上出现的所有衍射斑点 （hkl） （包括零阶及高阶劳厄带） 都满足广义晶带定律，例如某斑点 （hkl） 与晶带轴 [uvw] 点乘等于 1，那么该斑点属于晶带轴 uvw 的 1 阶倒易面上的倒易格点。

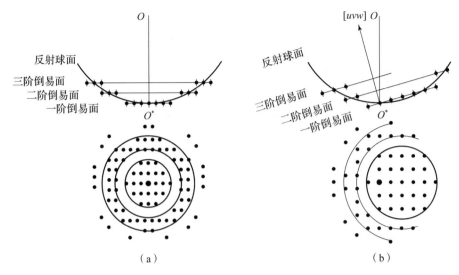

图 2 – 95　零阶与高阶劳厄带衍射示意图

(a) 对称入射；(b) 非对称入射

对于图 2 – 95 (a) 所示的对称入射情况，此时完整晶体的零阶以及高阶劳厄带斑点的强度和位置都是中心对称的。

对于图 2 – 95 (b) 所示的非对称入射情况，也就是晶带轴 uvw 与入射波矢不平行的情况，各阶倒易面的衍射花样无论是位置还是强度，相对于中心斑点都是不对称的。

超点阵衍射花样

如果晶体是两种或者两种以上原子构成的固溶体，若这些原子随机占据点阵中任一阵点位置，称为无序固溶体。图 2 – 96 (a) 是铜与金以原子比 1：3 形成的无序固溶体，是面心立方晶格，它的衍射花样见图 2 – 96 (b)，这是 [001] 晶带轴的衍射花样。此时，只有晶面指数同时是偶数或者奇数才能出现在衍射花样中，如 200、220 等晶面。

但是，如果不同原子优先占据特定的阵点，如图 2 – 96 (d) 中铜原子优先占据晶胞的顶点位置，而金原子优先占据晶胞的面心位置，则其衍射花样中，原本不应该出现的衍射斑点，比如 (010)、110) 也会出现。这样的固溶体，称为有序固溶体，其形成的晶体点阵，称为超结构 (superstructure)。超结构的衍射花样，则称为超点阵花样。其实很多所谓无序固溶体，比如合金化的奥氏体，不会是完全的无序固溶体，仔细观察它们的电子衍射花样，经常会看到非常微弱的超点阵斑点。

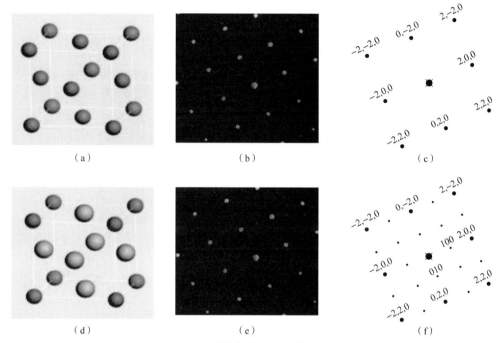

图 2 – 96　CuAu3 无序固溶体与有序固溶体的晶体结构与衍射花样

（a）CuAu3 无序固溶体的晶体结构；（b）（c）CuAu3 无序固溶体的衍射花样；

（d）CuAu3 有序固溶体的晶体结构；（e）（f）CuAu3 有序固溶体的衍射花样

　　超点阵衍射花样沿着某些方向往往具有强度的周期性分布特征。这种强度的周期性分布，反映了原子面的周期性分布特征。例如，如果两个不同原子平面 A 和 B 存在 ABABAB…的周期性平行排布特征，则衍射花样沿着垂直于原子平面方向呈现强弱强弱…的周期性特征，其中小周期（强弱点之间的间距）是正空间大周期（同种原子面 AA 或者 BB 之间的间距）的反映，而大周期（强强点之间的间距）则是正空间小周期（相邻原子面之间的间距）的反映。推而广之，如果衍射花样沿着某个方向存在一强两弱的周期性分布（小周期是大周期的 1/3），则说明晶体中沿着这个方向存在 ABCABC…这样的周期性原子面排列，即这样的原子面排列的大周期是小周期的 3 倍。图 2 – 97 显示了 6 倍周期有序的电子衍射花样对应的原子面排列，其中不同颜色的线条表示不同种类的原子排列。关于超结构及其衍射花样可观看视频 2 – 18。

视频 2 – 18
超结构及其
衍射花样

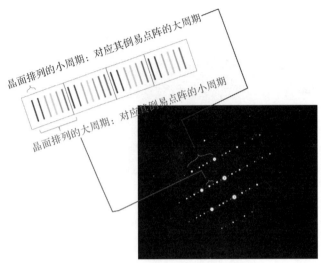

图 2 – 97　6 倍周期有序的电子衍射花样

菊池线

视频 2 – 19
TEM 菊池线

本部分内容可预先观看视频 2 – 19。

在较厚的薄膜试样中观察电子衍射时，经常会发现在衍射谱的背景上分布着黑白成对的线条（图 2 – 98（a））。这时如果稍许旋转试样，衍射斑的亮度虽然会有变化，但它们的位置基本上不会改变，但是上述成对的线条却会随样品的转动迅速移动。这样的衍射线条称为菊池线[①]，有菊池线的衍射花样称之为菊池衍射谱。在对称入射的条件下，黑白成对的菊池线对则转化为一条白带，称为菊池带（图 2 – 98（b））。

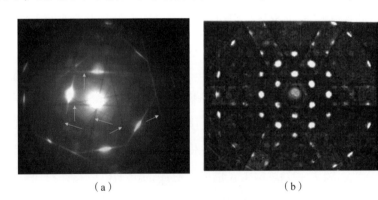

（a）　　　　　　　　　　　　　　（b）

图 2 – 98　菊池衍射谱

（a）明暗菊池线对；（b）对称入射下的菊池带

---

① 之所以叫作菊池线，是为了纪念日本核物理学家菊池正士，他最早在 1928 年也就是 26 岁的时候，发现了电子显微学中出现这样的花样（Kikuchi patterns），并给出了正确的理论解释。这个时候透射电镜还没有出现。

菊池线的形成与入射电子在试样中的非弹性散射有关。试样很薄时，非弹性散射电子很少，不会发生菊池衍射。在试样较厚时，入射电子的非弹性散射增强，但是非弹性散射之后，它们的能量损失也只有几十电子伏特，相对于透射电镜几十万伏的加速电压给予的能量来说，这个能量损失非常小，因此可以认为非弹性散射以后，电子的波长基本没有不会，称为"准弹性散射电子"。

与晶格对入射平行电子束的衍射不同，这些准弹性散射电子在样品中的传播方向是发散的，其强度随散射角度的增加而逐渐减小。对于某个晶面，发散的准弹性散射电子束中满足布拉格条件的电子不只有一个散射方向，而是有若干方向，把这些散射方向的起点放在一点 O，将构成以晶面法线为轴、O 为顶点、以 $(90° - \theta)$ 为半顶角的两个圆锥面（图 2 - 99（a））。根据几何光学可知（视频 2 - 20），透镜的作用就是等效于把样品各处发射的各个方向的电子它们的发射起点都放在透镜中心 O。其中图中所示的两个圆锥

视频 2 - 20
透镜的作用

面上散射方向的电子因严格满足布拉格条件，将发生强烈衍射，导致这些方向的散射强度异常。如果我们在下面放一个荧光屏，这两个圆锥面与荧光屏相交的交截线位置，电子散射强度较其他位置有异常，因此形成一对双曲线形式的线对，这就是菊池线。

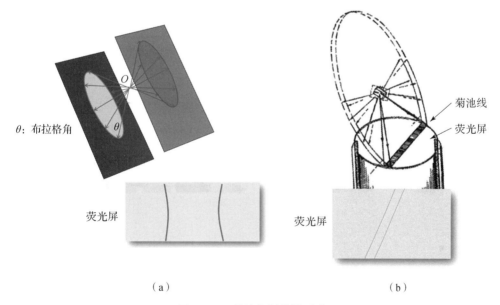

图 2 - 99　菊池衍射谱的形成

由于布拉格角 θ 很小，满足布拉格条件的入射方向组成的两个圆锥面会非常偏（图 2 - 99（b）），圆锥面与屏幕相交的交线、也就是菊池线，近似为直线。

菊池线对为什么是黑白线对呢？

如图 2-99 所示，入射电子产生的这些向四面八方发散的准弹性散射电子，它们的强度随散射角增加而减小。图中箭头方向指示准弹性散射电子散射方向；箭头长度表示准弹性散射电子强度，而不是波矢大小。如果存在这样一个晶面，这些准弹性散射电子总有一些方向会满足布拉格条件而发射强烈衍射，比如 OA 方向和 OB 方向。

可以看到，OA 方向散射电子的衍射方向是 OB 方向，OB 方向散射电子的衍射方向是 OA 方向。图中从散射角度看，OA 方向小于 OB 方向，因而散射强度 OA 方向大于 OB 方向；而散射强度较大的电子其衍射强度也较大，所以 OB 方向的衍射强度大于 OA 方向。

最终：OA 方向电子的盈亏等于 OA 方向衍射强度 – OB 方向衍射强度，它小于 0，表示有亏损；而 OB 方向电子强度的盈亏等于 OB 方向衍射强度 – OA 方向衍射强度，它大于 0，表示有增益。结果反映在衍射花样上，对应 OA 方向的菊池线是暗线，对应 OB 方向的菊池线是亮线。

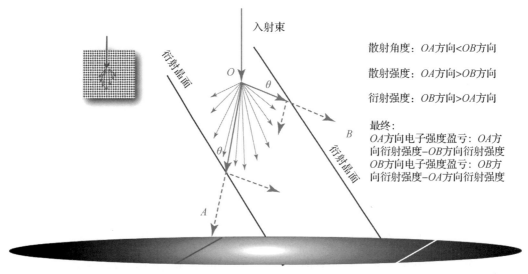

图 2-100　菊池衍射谱

菊池线包含丰富的晶体学信息。每一对菊池线，都对应一个晶面。量取菊池线对间距 R，可以算得晶面间距 $d = L\lambda/R$，$L\lambda$ 是相机常数，方法与衍射斑点的标定相同。根据菊池线对取向，可以确定晶面取向。菊池线对的取向对晶面取向非常敏感，据此可以对晶面取向进行精确测定。

下面我们讨论菊池线取向是如何精确反映晶体取向的。

如图 2-101（a）所示，对于某个晶面，非弹性散射电子中总有某些入射角度的电子会严格满足布拉格条件而强烈衍射，导致这些方向的电子强度出现异常。这些方向在荧光屏上形成菊池线。可以看到，菊池线对的中线与这个会聚点 O' 所在的平面，平行于这个晶面。由于布拉格角 θ 很小，2θ 也很小，两条菊池线的间距 $R = L \cdot 2\theta$，加上布拉格方程 $2d\theta = \lambda$，得出 $d = L\lambda / R$。也就是说，如果在衍射花样中测得菊池线对距离 R，根据相机常数 $L\lambda$，就可算出引发该菊池线对的晶面的晶面间距 d。

如果是对称入射（图 2 – 101（b）），衍射晶面在透射电镜中与光轴平行，菊池线对则对称地分布在中心斑点两侧，即菊池线对的中心线通过中心斑点。

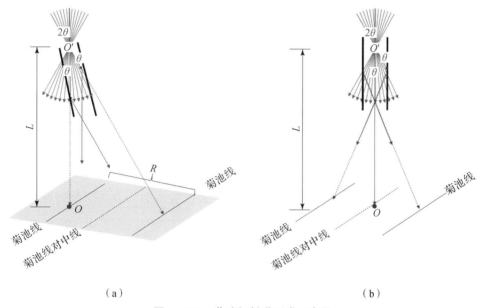

（a）　　　　　　　　　　　　　　　　（b）

图 2 – 101　菊池衍射谱形成示意图

（a）非对称入射；（b）对称入射

在衍射模式下，某一晶面既能以一个衍射斑点的形式出现，也能以一对菊池线的形式出现，当然也可以同时以两种面貌出现。下面讨论如果同时以两种面貌出现时衍射斑点和菊池线对的关系。首先看图 2 – 102（a）的情况。先画出 kgs 关系，根据 kgs 图可以画出衍射花样示意图。这里倒易矢量 $\vec{g}$ 的偏离矢量等于 0，所以衍射斑点 g 很亮；而衍射斑点 $-2g$ 的偏离矢量长度超过倒易厚度，所以不出现。

然后看看菊池线在哪里。首先，找出衍射晶面的取向，注意它与这些倒易矢量垂直，所以正好平分散射角度。所以衍射晶面的迹线（图中虚线所示）在中心斑点与衍射斑点正中间。迹线两侧距离 $= 1/2$ 倍衍射斑点间距 R 的地方，就是两条菊池线位置。对于图中 $\vec{g}$ 偏离矢量等于 0 的情况，菊池线对一条线过衍射斑点 g，因为它对应的准弹性散射电子散射角度较大，所以比较亮；一条线过透射斑点 0，它比较暗。

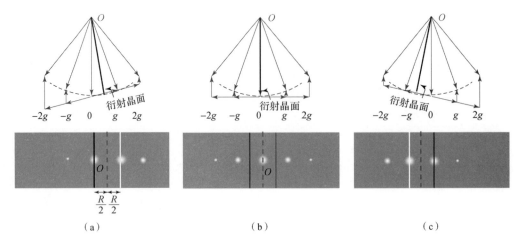

图 2-102 *kgs* 关系、衍射花样与菊池衍射谱

(a) $s_g = 0$; (b) 对称入射; (c) $s_{-g} = 0$

当衍射晶面顺时针方向倾转到图 2-102 (b) 所示的位置，此时与入射电子 $\vec{k_0}$ 平行，这是对称入射的情况。注意，晶面倾转过程中，衍射斑点位置不变，但是亮度变化；菊池线位置则不断变化。对称入射时，晶面迹线过透射斑点，两条菊池线则过斑点之间的中线。

当晶面继续顺时针方向倾转到 $-g$ 斑点偏离矢量等于 0 的位置，衍射斑点亮度变化和菊池线位置如图 2-102 (c) 所示。

视频 2-21 显示了晶体倾转过程中衍射花样和菊池线的动态变化。

菊池线的作用总结如下：

- 精确的确定晶体取向；
- 用来测定偏离矢量大小 s。如下式所示。式中 x 是菊池线与衍射斑点距离（图 2-103），R 是菊池线对距离，L 是相机长度，λ 是电子波长；

视频 2-21
晶体倾转过程中
衍射花样和
菊池线的动态变化

$$s = (xR)/(LL\lambda)$$

- 可以用来进行晶体结构的测定（依据 $d = L\lambda/R$）；
- 在电镜操作时用来帮助转正晶带轴。

最后给出一个练习：图 2-104 (a) 是 BCC 结构 100 晶带轴的衍射花样。请画出对称入射下的菊池花样示意图，并标识各衍射晶面的迹线和晶带轴的迹点。

答案如图 2-104 (b) 所示。

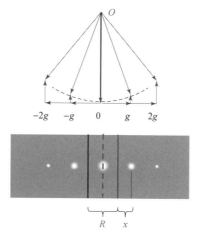

图 2 - 103　菊池线与衍射斑点的距离

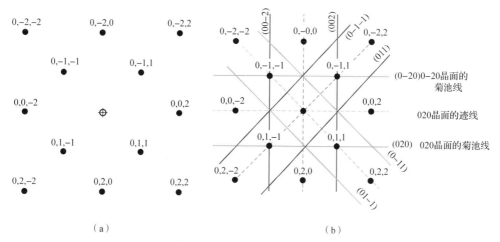

（a）　　　　　　　　　　　　　　（b）

图 2 - 104　衍射花样与菊池线

2.8　高分辨像

在学习高分辨像之前，大家可以再次回顾前面的视频 2 - 2。

本节我们讨论透射电镜的一种重要成像模式，高分辨模式。这种模式所获得的像，称为高分辨像。图 2 - 105 是一张孪晶的高分辨像，它的分辨率达到了原子级别，所以我们可以看到"原子"的影像。在透射电镜下用高分辨模式观察原子的影像是需要一定条件的，包括

图 2 - 105　高分辨像（孪晶）

样品要足够薄，电镜操作时电子束应该严格沿晶带轴入射，当然电镜本身应该有足够高的分辨率，等等。

高分辨模式是一种成像模式。以前我们学过两种成像模式，明场像模式和暗场像模式，属于单束成像，也就是说，在操作时，物镜光阑选择透射束或者一束衍射束（图2-106（a）、（b））。这两种成像模式，其图像衬度属于衍射衬度，所以这种模式又称为衍射衬度模式。

高分辨模式则不同，在操作时，物镜光阑选择多束电子束成像（图2-106（c）），此时看到的高分辨像，实际上是这些电子束的干涉花样，它的衬度，叫作相位衬度，所以高分辨模式又称为相位衬度模式。

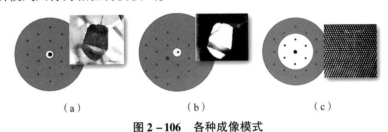

（a）　　　　　　　　　（b）　　　　　　　　　（c）

图2-106　各种成像模式

（a）明场像模式；（b）暗场像模式；（c）高分辨模式

高分辨像又分为两种，一种是晶格像，一种是结构像。如果电镜操作时，物镜光阑套住透射斑及邻近的几个衍射斑（图2-107（a）），这个时候看到的就是晶格像。晶格像只能分辨不同的晶格格点，如果晶格格点包含多个原子，晶格像是无法分辨这些原子的。所以说，晶格像是晶体单胞尺度的像。

如果电镜操作时，在保证足够的分辨率的条件下，物镜光阑选择尽可能多的斑点（图2-107（b）），或者不插入物镜光阑，这个时候看到的就是高分辨结构像。它能分清晶格格点中的各个原子。所以说高分辨结构像是原子尺度的像。

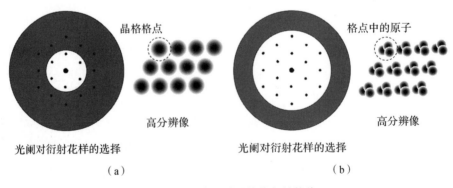

图2-107　高分辨晶格像与结构像

（a）高分辨晶格像；（b）高分辨结构像

要想获得合适的高分辨结构像，必须满足一些特殊条件，包括样品要非常薄，几个纳米左右；操作时需要一个合适的欠焦量，等等。对于简单晶格的晶体，也就是一个格点只有一个原子的情况，例如一些金属，晶格像与结构像相同。

图 2 – 108（a）是六方结构的氮化镓在［0001］带轴下的高分辨像，图中左上角红色原子表示镓原子，蓝色原子表示氮原子）。图 2 – 108（b）是对应的衍射花样示意图。

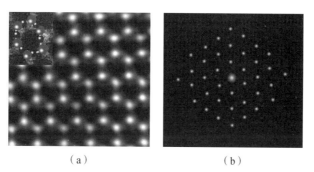

（a）　　　　　　　　　　　（b）

图 2 – 108　GaN 高分辨结构像与衍射花样

（a）高分辨结构像，$B = ［0001］$；（b）衍射花样示意图

对于图 2 – 108（b）的衍射花样，如果插入物镜光阑选择透射斑点与一个衍射斑点（图 2 – 109（a）、（b）），高分辨像则是条纹状（晶格条纹像），条纹方向与所选两个斑点的连线垂直（不考虑衍射花样与图像之间的磁倾转）

如果物镜光阑选择更多不同方向的衍射斑点（图 2 – 109（c）、（d）），则图像中呈现更多的样品细节，直至能够分辨不同的原子，如图 2 – 109（d）所示。

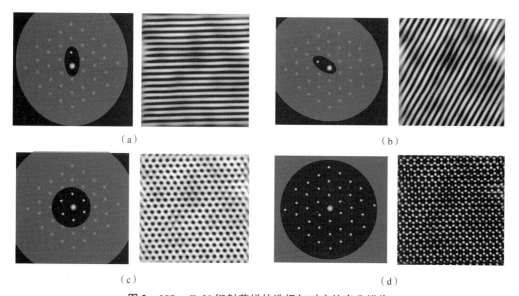

（a）　　　　　　　　　　　　　　　　（b）

（c）　　　　　　　　　　　　　　　　（d）

图 2 – 109　GaN 衍射花样的选择与对应的高分辨像

前面我们讨论了如何得到各种高分辨像。下面简单介绍一下高分辨像的成像原因。如图 2-110 所示，一束平行电子束进入晶体，被晶面分出透射束与衍射束，透射束和衍射束被透镜聚焦在透镜后焦面上相应的位置（如图中 A、B、C），形成规则斑点阵列。聚焦位置可以根据几何光学来确定。聚焦的斑点间距 R 推求过程如下：

根据图 2-110 中的几何关系，又因为布拉格角 θ 非常小，则有

$$R = 2\theta f \tag{2.20}$$

式中 f 是透镜焦距。然后利用布拉格方程：

$$\lambda = 2d\theta \tag{2.21}$$

式中 λ 是电子束波长。上面两式联立，可得

$$R = \lambda f/d \tag{2.22}$$

该公式是衍射花样标定用到的一个重要公式。

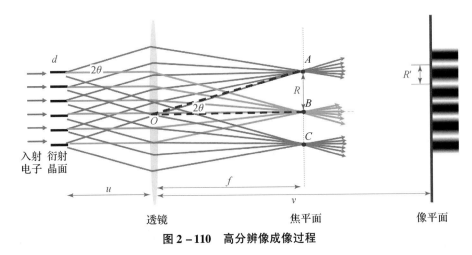

图 2-110　高分辨像成像过程

在图 2-110 中，电子从焦平面的 A、B、C 处继续往前飞行，如果碰到一起就会发生干涉。在这种情况下，每个斑点相当于一个点光源，它们发射球面子波，如图 2-111 所示。如果前面有一个荧光屏，荧光屏上会显示这些球面波的干涉条纹，条纹垂直于斑点阵列。

下面推导干涉条纹间距 R' 与衍射斑点间距 R 的关系式。

图 2-111 中透镜焦平面上两个斑点 A 和 B 各向外发射球面子波，波的传播图中，所有实线位置同相位，所有虚线位置也是同相位，实线与虚线之间相位相反。两斑点中垂线上，两束波相位总是相同的，它们相干而在荧光屏位置 C 形成亮纹中心。注意这里 C 点是两束波虚线的交叉点，说明相位相同；而 D 点是两束波实线的交叉点，说明相位也是相同的，这里也是另外一条亮纹的中心。

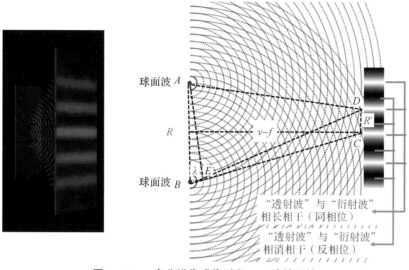

图 2 - 111　高分辨像成像过程——波的干涉

分别数一数波纹的数量，可以发现这两段光程 BD 和 AD 的光程差为波长 λ，即：

$$BD - AD = \lambda \tag{2.23}$$

根据图 2 - 110 中的几何关系，有如下关系式：

$$(v - f)^2 + \left(\frac{R}{2} + R'\right)^2 = BD^2 \tag{2.24}$$

以及

$$(v - f)^2 + \left(\frac{R}{2} - R'\right)^2 = AD^2 \tag{2.25}$$

式（2.24）减去式（2.25），得到

$$2RR' = BD^2 - AD^2$$

即

$$2RR' = (BD + AD)(BD - AD) \tag{2.26}$$

因为

$$v - f \gg R, v - f \gg R' \tag{2.27}$$

所以有

$$AD = BD = v - f \tag{2.28}$$

然后将式（2.23）、式（2.26）、式（2.28）联立，得到

$$2RR' = 2(v - f)\lambda \tag{2.29}$$

即

$$R' = \lambda(v - f)/R \tag{2.30}$$

已知成像公式

$$1/f = 1/u + 1/v \tag{2.31}$$

将式（2.22）、式（2.30）、式（2.31）联立，有

$$R'/d = v/u \tag{2.32}$$

式（2.32）的意义是，像平面上条纹间距 R' 与物平面上晶面间距 d 之比，等于像距与物距之比，这说明条纹像相当于把晶面看作条纹，是晶格的条纹像。量取条纹像的条纹间距 R'，根据成像的放大倍数（像距/物距），就可以计算晶面间距 d。

视频 2-22 演示了高分辨成像过程中电子束发生衍射和干涉的过程。注意这里有两种不同情况的干涉，一种是某个晶面的各个不同原子面的反射束之间的干涉，结果是一束入射束分出多束电子束，这就是衍射现象；另一种干涉是入射束分出的各个电子束之间在空间相遇时的干涉现象，结果是它们在重叠部分出现干涉条纹，这就是高分辨像。

视频 2-22　透射
电镜中电子
的干涉

总之，在高分辨像中，白色区域是透射波和衍射波在此处相遇时相位相同的区域，各束电子波在此相长相干；黑色区域是透射波和衍射波在此处相遇时相位相反的区域，它们在此相消相干。

图 2-112（a）是一个在对电子束透明的碳膜上支撑两个薄单晶颗粒的透射电镜试样，图中显示了单晶颗粒中的晶格条纹。图 2-112（b）是该试样的衍射花样。根据单晶中晶格的取向，显然斑点 1、3、4 是圆形晶粒的衍射束，斑点 2 则是方形晶粒的衍射束。在不同的高分辨操作模式下屏幕上观察到的图像如图 2-113 所示。有关高分辨图像的分析，可观看视频 2-23 与视频 2-24。

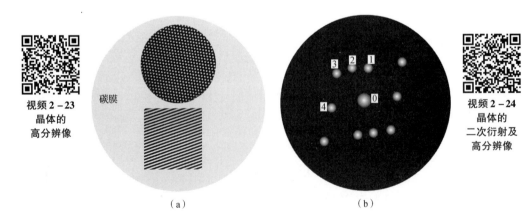

视频 2-23
晶体的
高分辨像

碳膜

视频 2-24
晶体的
二次衍射及
高分辨像

（a）　　　　　　　　　　（b）

图 2-112　透射电镜试样（a）及其衍射花样（b）

　　如果想知道原子在晶胞中的位置，必须采用透射电镜高分辨结构像，这是很不容易的，对样品、操作要求都很严格，看到的结构像是否真的反映原子的占位，还需要借助软件的模拟，解释比较复杂。下面我们介绍另外一种操作模式，扫描透射模式，英语简称为 STEM 模式（Scanning Transmission Electron Microscopy）。这种模式得到的高分辨像，衬度类型为原子序数衬度或者 Z 衬度，该衬度比较容易解释和理解。

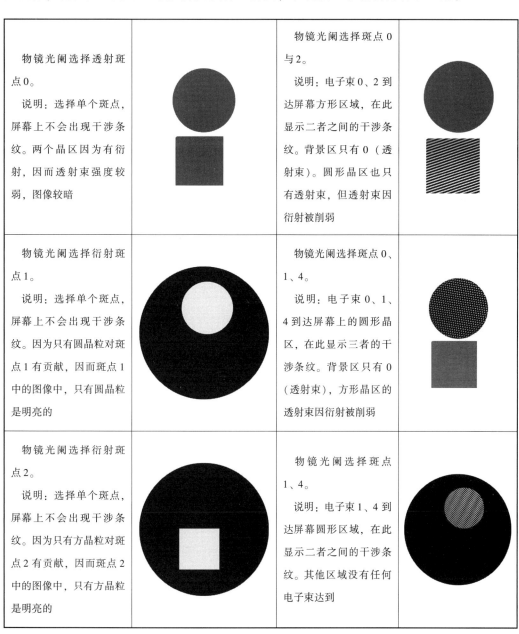

物镜光阑选择透射斑点 0。 说明：选择单个斑点，屏幕上不会出现干涉条纹。两个晶区因为有衍射，因而透射束强度较弱，图像较暗		物镜光阑选择斑点 0 与 2。 说明：电子束 0、2 到达屏幕方形区域，在此显示二者之间的干涉条纹。背景区只有 0（透射束）。圆形晶区也只有透射束，但透射束因衍射被削弱	
物镜光阑选择衍射斑点 1。 说明：选择单个斑点，屏幕上不会出现干涉条纹。因为只有圆晶粒对斑点 1 有贡献，因而斑点 1 中的图像中，只有圆晶粒是明亮的		物镜光阑选择斑点 0、1、4。 说明：电子束 0、1、4 到达屏幕上的圆形晶区，在此显示三者的干涉条纹。背景区只有 0（透射束），方形晶区的透射束因衍射被削弱	
物镜光阑选择衍射斑点 2。 说明：选择单个斑点，屏幕上不会出现干涉条纹。因为只有方晶粒对斑点 2 有贡献，因而斑点 2 中的图像中，只有方晶粒是明亮的		物镜光阑选择斑点 1、4。 说明：电子束 1、4 到达屏幕圆形区域，在此显示二者之间的干涉条纹。其他区域没有任何电子束达到	

图 2 - 113　在不同的高分辨操作模式下屏幕上观察到的图像

选择斑点 0 与 1。 说明：电子束 0、1 到达屏幕的圆形晶区，显示二者之间的干涉条纹。背景只有透射束到达，该区因无任何散射而很亮。方形晶区的透射束因衍射而削弱		选择斑点 1、2。 说明：屏幕上圆形区域只有衍射束 1 到达，方形区域只有衍射束 2 达到，背景无任何电子束到达 

图 2 – 113　在不同的高分辨操作模式下屏幕上观察到的图像（续）

具备 STEM 模式的透射电镜需要一个扫描线圈和环形探测器。其中电子束需要聚得非常细，小于原子的尺寸。扫描线圈能够将聚得非常细的电子束逐点对样品各处进行扫描，当电子碰到原子时会发生散射，散射强度的方向分布（角分布）取决于扫到的原子的轻重或者说原子序数。越是重原子，高角度散射的电子强度越大，因为重原子的原子核对电子的吸引更大，电子偏转角度更大。如果没有扫到任何原子，电子则直接透过不发生散射。STEM 的动画示意图如视频 2 – 25 所示。

如图 2 – 114 所示，在样品下放置一个环形探测器（高角环状暗场探头，High – Angle Annular Dark Field detector，HAADF），它收集高散射角度的电子，然后将这些电子的强度信号转换为电流信号。电镜记录下样品每一点的电流信号，然后绘制样品不同位置的电流强度分布图，这就是 STEM 像。STEM 像中，较重原子的高角度散射强度大，在图像中比较亮；而较轻的原子高角度散射强度小，相应的位置比较暗一些；没有原子的位置则不会发生散射，因此是暗的。

视频 2 – 25
STEM 模式

在环形探测器下面，还可以安装一个称为电子能量损失谱仪的电子探测器，简称 EELS 谱仪。它可以记录下透过样品的电子的能量分布，根据一些电子的特征能量损失情况，分析样品的元素分布、元素的价态、以及能带结构等。

图 2 – 115 是 ［0001］ 晶带轴下氮化镓高分辨像，（a）图是扫描透射模式的 Z 衬度像，图中较亮的圆点是比较重的镓原子，旁边紧邻的比较弱的亮点是较轻的氮原子。各种原子的排列比较直观清晰。（b）图是普通的高分辨像，原子的位置可能是黑点也可能是白点，也很难看清各个原子的排列。对比可知，右图中白点实际上是六对镓 – 氮原子围起来的空洞。

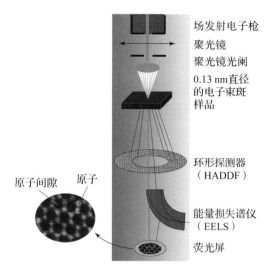

图 2 - 114 STEM 基本原理

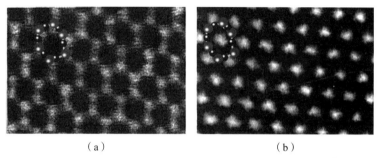

（a） （b）

图 2 - 115 GaN 晶体的 STEM 像（a）与 HRTEM 像（b），$B = [0001]$

与普通高分辨像结构像相比，Z 衬度像有如下特点：

• Z 衬度像是原子列投影的直接成像，分辨率仅决定于电子束斑的大小；

• Z 衬度像不会随样品厚度或者物镜聚焦有很大的变化，不会出现衬度的反转，像的亮点总是对应原子列的位置，不需要模拟就可以直接给出该位向下的原子投影；

• Z 衬度像的像点强度近似与原子序数平方成正比。可以凭借像点的强度来区分不同的元素；

• 实验上获得 Z 衬度像需要较大的耐心，涉及电镜合轴、晶体倾转、聚焦束斑、选择合适的光阑和物镜聚焦等步骤。

2.9 透射电子显微镜的基本操作与样品制备

透射电子显微镜是一种大型的、结构和操作复杂的综合性科研设备，需要对其工作原理和基本结构有足够理解和掌握，通过比较长的时间的实训，才能充分利用它的强大功能。关于透射电子显微镜的基本操作过程，可观看视频 2 – 26①。

电镜样品的制备也是一个重要的环节。特别是对于透射电子显微镜来说，由于电子束的穿透能力很弱，所以用于观察的样品必须很薄（200 nm 以下）。可以说，能否制得合乎要求的样品，是整个实验能否取得成功的关键。关于透射电镜样品的制备可参考视频 2 – 27。

视频 2 – 27　透射电镜的制样方法

---

① 视频 2 – 26：https://www.bilibili.com/video/BV1i64y1s7ZM？t = 0.0

第3章

扫描电子显微分析

3.1 基本结构、工作原理和基本性能

前面介绍的透射电子显微镜在成像方式方面与光学显微镜比较相似，主要不同在于照明束与透镜。光学显微镜采用可见光作为照明束，利用玻璃或者其他透明物质制作的透镜对可见光进行会聚成像；而透射电镜则采用电子束作为照明束，利用电磁透镜（实际上是轴对称非均匀电场或磁场）对电子束进行会聚成像。

本章所讨论的扫描电子显微镜（简称扫描电镜，SEM），其基本结构和工作原理与一般的透射电子显微镜和光学显微镜有很大不同。扫描电子显微镜的基本结构如图 3 − 1 所示，可大致分为镜体和电源电路系统两部分。镜体部分由电子光学系统、信号收集和显示系统以及真空抽气系统组成，简单介绍如下：

电子光学系统　由电子枪，电磁透镜，扫描线圈和样品室等部件组成。其作用是用来获得扫描电子束，作为信号的激发源。为了获得较高的信号强度和图像分辨率，扫描电子束应具有较高的亮度和尽可能小的束斑直径。

信号收集及显示系统　检测样品在入射电子作用下产生的物理信号，然后经视频放大作为显像系统的调制信号。现在普遍使用的是电子检测器，它由闪烁体、光导管和光电倍增器所组成。

真空系统　真空系统的作用是保证电子光学系统正常工作，防止样品污染，一般情况下要求保持 $10^{-4} \sim 10^{-5}$ Torr 的真空度。

电源系统　电源系统由稳压、稳流及相应的安全保护电路所组成。其作用是提供扫描电镜各部分所需的电源。

视频 3 – 1 ① 简单介绍了扫描电镜的基本结构与工作原理。它利用聚焦得很细的高能电子束来扫描样品表面，通过电子束与物质间的相互作用，来激发各种物理信息，对这些信息收集、放大，然后成像以达到对物质微观形貌表征的目的。

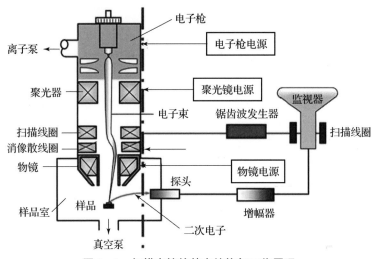

图 3 – 1　扫描电镜的基本结构与工作原理

扫描电子显微镜具有远远高于光学显微镜的分辨率，但小于透射电子显微镜。现代扫描电子显微镜的分辨率可以达到 1 nm，放大倍数可以达到 30 万倍及以上，并且景深大，视野大，成像立体效果好。此外，扫描电子显微镜与其他分析仪器相结合，可以做到观察微观形貌的同时进行物质微区成分分析。因此扫描电子显微镜在科学研究领域具有重大作用。

首先我们出示几张扫描电子显微镜拍摄的图片。图 3 – 2 （a）是扫描电子显微镜拍摄的蚂蚁图片，我们可以清晰地看到蚂蚁腿部的纤毛。

图 3 – 2 （b）是在更大的放大倍数下拍摄的蚂蚁眼睛的照片，可以看出蚂蚁的眼睛是复眼结构，由很多小眼组成。还可以看到眼睛周围的纤毛。这些图片说明扫描电镜可以有很大的有效放大倍数和分辨率。它的分辨率可达 5 – 50 nm。这是光学显微镜所达不到的。另外也可以看到，扫描电镜有很大的景深。它的景深是光学显微镜的 100 倍，对远近不同位置都可以聚焦得很清晰。

因为扫描电镜景深很大，所以特别适合观察凹凸不平的表面的细微结构。图 3 – 2 （c）是利用扫描电子显微镜看到的金属试样断口的形貌，断口表面起伏很大，说明断裂时发生了大量塑性变形，这说明材料的断裂属于韧性断裂（断裂时消耗了大量能量）。

---

① 视频 3 – 1：https://www.bilibili.com/video/BV1wV411U7m1？t = 0.0

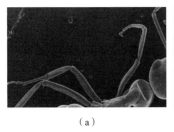 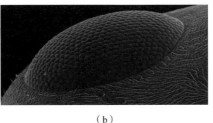 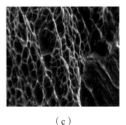

（a）　　　　　　　　　　　　（b）　　　　　　　　　　　（c）

图 3 - 2　扫描电子显微镜下的样品图像

（a）蚂蚁腿部；（b）蚂蚁眼睛；（c）金属断口

与其他显微镜相比，扫描电镜对观察样品要求不严，只需要有一定的导电性。对于非导电试样，需要喷镀一层导电薄膜（如喷金等）。

扫描电镜成像时，用极细的电子束逐点扫描样品表面各处（视频 3 - 1）。每扫一处，采集该处的信号强度。把信号强度作为图像的灰度，最后得到上述的灰度图，也就是样品的扫描电镜照片。它实际上是样品各处产生的某种信号的强度对样品位置的"函数"图像。

电子束入射到试样表面，会产生哪些信号呢？这与入射电子与材料中哪种微观粒子相互作用有关。

材料中的微观粒子有电子和原子核，电子又包括外层能量较高的价电子与内层能量较低的芯电子。它们都携带电荷。入射电子进入样品后，由于电荷之间的吸引或者排斥，它可以与外层价电子相互作用，也可以与内层芯电子相互作用，也可以与原子核相互作用。作用的效果与这些微观粒子所带电荷的性质、电荷量以及它们的质量有关系。

扫描电镜入射电子的能量很高，一般可达 10 ~ 20 keV，如果它们与能量较低的价电子，特别是自由电子相互作用，则有可能将自由电子轰出试样，称之为二次电子。之所以叫作二次电子，是因为它是入射电子打出的电子。从这个角度来讲，入射电子，它是"一次电子"。

如果入射电子与原子核相互作用，因为原子核比它重很多，所以入射电子就有可能被散射后离开样品表面，称为背散射电子。之所以叫作背散射电子，是因为它们是从试样背后散射出来的，散射角度较大。背散射电子原来就是入射电子，而不是样品中的电子，所以，它们仍然可以认为是一次电子。

入射电子也有可能与试样的内层芯电子相互作用，让这些内层电子离开自己的轨道，而在此留下空位，然后外层电子向空位跃迁，多余的能量可以用两种方式释放，一种是发射 X 射线。因为发射的 X 射线的能量值，等于原子两个能级的能量值之差，这个差值是某个元素的特征值，所以叫做特征 X 射线。特征 X 射线的能量值可以用来进行元素的定性分析，而它的强度可以帮助我们进行元素的定量分析。

外层电子向空位跃迁时，多余的能量也可以传递给更外层的电子，让它跑出试样表面，跑出来的这个电子称为俄歇电子。俄歇电子的能量与原子中三个能级有关，它等于前两个能级的能量之差减去俄歇电子原来所在能级的能量。这三个能量值都是某个元素的特征值，所以俄歇电子的能量值也往往是元素的特征值，也可以帮助我们进行元素的定性和定量分析。

此外还有吸收电子等信号。如果样品足够薄，还有透射电子信号等。它们的强度，都可以用来转换成灰度值而成像。扫描电镜采用不同信号来成像，称为不同的成像模式。比如采用二次电子来成像，称为二次电子成像模式，采用背散射电子成像，称为背散射电子成像模式，等等。

下面我们讨论扫描电镜的分辨率。对于一种成像模式，我们可能首先关注它的分辨率。如果是利用透镜来成像的显微镜，光学显微镜也好，透射电镜也好，它的分辨率极限是由入射电子波长决定的。而扫描电镜则不同，至少不是由此直接决定。它的分辨率极限由入射电子束在样品表面的束斑尺寸决定。束斑尺寸越小，能分辨的两点之间间距越小，就是说分辨率越高。这一点很好理解。但是分辨率不仅仅由束斑尺寸决定，还与电子束进入样品后的作用范围有关，以及与所采集信号在样品中的最大的穿透深度有关。

图 3-3 显示各种信号在试样中产生的区域与它们最大的穿透深度。电子进入样品后，由于受原子中各种电荷的作用而多次散射，并逐渐向侧面扩展，对于轻原子为主的样品，其作用区域呈现梨型。而某种信号的最大穿透深度决定了样品中哪些范围产生的信号才能逸出试样表面而被探测到；而这个范围的宽度决定了该信号成像模式的分辨率，该范围称为该信号的"有效激发区域"（即样品中产生该信号、并且该信号能逸出样品被探测器接受的样品区域）。

图 3-3（b）中的深灰色区域是产生背散射电子并且该电子能跑出样品表面的区域，称为背散射电子的有效激发区域，该区域的宽度，也就是该区域沿着样品表面方向的最大尺寸，就是背散射电子像的空间分辨率，它可能远远大于束斑的尺寸。

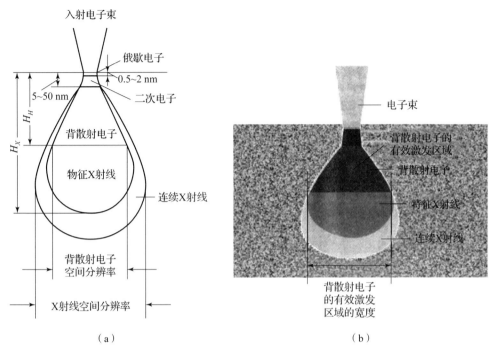

图 3 – 3　扫描电镜中各种激发信号的最大穿透深度

表 3 – 1 列出了各种信号成像模式的分辨率。由表中可以看到，二次电子像有最高的分辨率，分辨率为 5～10 nm，这是因为二次电子能量很小，因而穿透能力很弱，从而穿透深度很小，只有 50 nm，在这么小的穿透深度内，入射电子在样品中的作用区域宽度最小，即二次电子的有效激发区域宽度最小，几乎接近束斑尺寸。

表 3 – 1　各种信号成像模式的分辨率　　　　　　　　　　　　　　　　nm

信号	二次电子	背散射电子	吸收电子	特征 X 射线	俄歇电子
分辨率	5～10	50～200	100～1 000	100～1 000	5～10

扫描电镜的基本用途如下：

- 利用二次电子强度成像。
- 利用特征 X 射线能量或波长的强度分布进行微区的成分分析。
- 利用背散射电子的强度成像。
- 利用背散射电子强度的方向分布进行晶体结构或者物相分析。某些方向的背散射电子在被有序排列的原子平面再次散射时，因为满足布拉格条件而发生衍射，使得这个方向散射强度突出的高或者低，这种现象称为背散射电子衍射分析（Electron Back Scattering Diffraction，EBSD）。在荧光屏上将看到具有一定特征的散射花样，称为背散射电子衍射花样。

3.2 二次电子像

首先我们来看二次电子成像。如前所述，电子进入样品中，可能与外层价电子相互作用，也可能与内层芯电子相互作用，也有可能与原子核相互作用。而二次电子就是与外层价电子中的自由电子相互作用之后，跑出样品的自由电子。

二次电子成像有下面几个特点：

1）二次电子能量较低，小于 50 ev。因为能量比较低，所以二次电子在样品中穿透深度小，只有距离试样表面小于 5～50 nm 的二次电子才能逸出表面；试样表面越倾斜，二次电子产额越高，因而此处图像越亮。这种与表面倾斜度相关的图像衬度叫作倾斜衬度。

2）试样表面突出的地方，特别是尖锐的地方，二次电子产额大，因而此处亮度大；而凹陷的地方产额少，因而此处亮度低，这样的图像衬度，称为漫射衬度。倾斜衬度和漫射衬度统称为形貌衬度，它表现的是样品表面的起伏不平和粗糙状况。

3）二次电子的产额对原子序数 Z 不敏感。因为二次电子是入射电子与外层自由电子相互作用的结果，而不是与原子核相互作用的结果。原子的轻重对自由电子的数目和能量并没有特别的影响。

下面定性解释一下为什么"表面越倾斜，二次电子产额越高"？

图 3-4 中灰色区域是入射电子作用并产生二次电子的区域，黑色虚线是样品各处二次电子的穿透深度（距离表面越 5～10 nm）。灰色区域中，只有黑色虚线之上的区域产生的二次电子才可以跑出来被探测到，称为二次电子的有效激发区域。二次电子的有效激发区域体积越大，二次电子产额越大，图像中此处越亮。图 3-4（a）中显示，越是倾斜的地方，有效激发区域的体积越大。而尖锐的地方，有效激发区域的体积会更大，这里会更亮。同样，在试样表面的突出处、尖锐处，二次电子产额大，而凹陷处产额少，如图 3-4（b）所示。

二次电子像有一个重要特点，没有阴影衬度。原因与二次电子的收集方式有关。如图 3-5 所示，二次电子探测器（二次电子探头）附近有二次电子的收集极。收集极在工作时，加有 +250 V 的电位，样品接地，电位为 0。该电压可以让试样表面各处沿不同方向发射的二次电子都能被吸引到探测器上。不仅朝向探测器发射的二次电子可以过来，其他方向的二次电子也可以改变方向被吸引过来，特别是背向探头的斜面区域的二次电子也可以被吸引到探头。这样，二次电子图像就不会有明显的阴影效应。

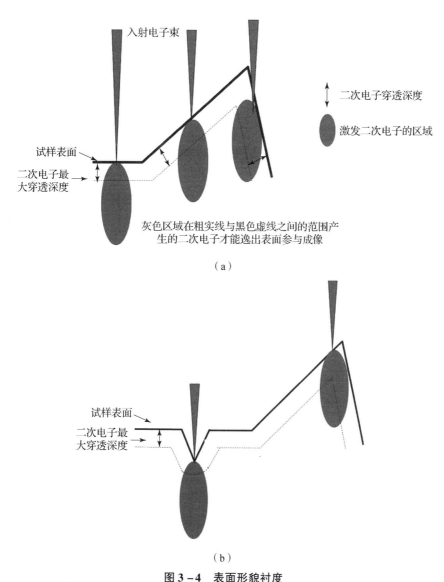

（a）

（b）

图 3 - 4　表面形貌衬度

（a）倾斜衬度；（b）漫射衬度

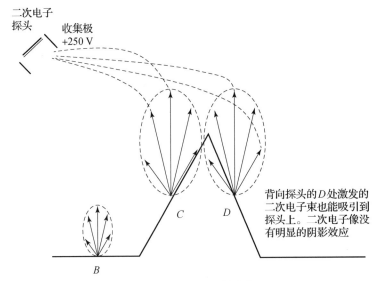

图 3 – 5   二次电子的收集

3.3   特征 X 射线

如前所述，特征 X 射线是入射电子与内层电子相互作用的结果。内层电子吸收入射电子的部分能量后，离开自己的轨道，在此留下一个空位；然后外层的芯电子向这个空位跃迁，这个跃迁过程可能发射 X 射线。因为它的能量值等于两个原子轨道的能量的差值，而每个原子轨道的能量具有元素特征性，也就是为某种元素所特有，它们的差值也因此具有元素特征性，所以称为特征 X 射线。特征 X 射线的能量（频率）值可以用于元素定性分析，强度可用于元素的定量分析。我们也可以用它的强度值来成像，得到某种元素在样品各处的含量分布图。

下面我们看看如何探测特征 X 射线？我们首先要回答的问题是，我们要探测 X 射线的什么？X 射线是波，波的信息有频率，有波矢，包括波矢大小和波矢方向，还有振幅。振幅不能直接测，能直接测的是振幅的平方，也就是强度。对于电磁波，波矢大小或者波长与频率相关，测得其中一项就可以知道另外一项。所以我们探测的特征 X 射线的信息有强度、频率、波矢大小或波长以及波矢方向；

探测 X 射线频率时，不仅仅只是探测频率大小，而是要探测不同频率的强度分布，这就是频谱，或者能谱（频率可以看作能量）。我们探测 X 射线波长时，也不仅仅只是探测波长的大小，而是会探测各波长成分的强度分布，这就是波谱。问题是，那么如何设计一种仪器，去探测特征 X 射线的波谱或能谱呢？

下面介绍两种仪器，波谱仪和能谱仪。前者用来分析 X 射线的波长分布，后者用来分析 X 射线的能量（频率）分布。

波谱仪

如图 3 – 6（a）所示，它的基本部件包括一个分光晶体，一个 X 射线探测器；分光晶体存在一个与表面平行的晶面，晶面间距为 d。X 射线探测器用来探测 X 射线的强度，是一个光传感器。波谱仪在工作时，探测器、分光晶体、样品的位置必须保持在一定半径的圆上，称为聚焦圆，半径为 R。工作时，还要求分光晶体的晶面与聚焦圆相切，分光晶体与探测器和试样距离相等，都等于 L。

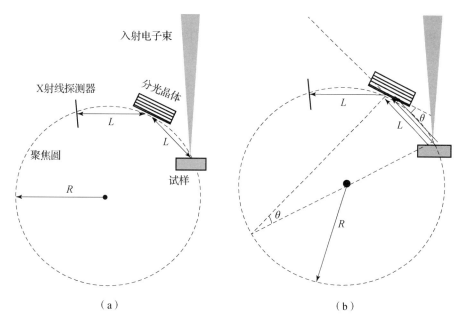

图 3 – 6　波谱仪基本结构与工作原理

（a）基本结构；（b）工作原理

如图 3 – 6（b）所示，波谱仪工作时，样品中发射的各种波长成分的 X 射线进入分光晶体，被晶面反射。

分光晶体到样品的距离等于某个值 L 时，根据布拉格定律，只有满足下列关系的 X 射线成分才可以进入探测器。

$$\lambda = 2d\sin\theta \tag{3.1}$$

而此时根据图 3 – 6（b）的几何关系，L 与入射角 θ 与聚焦圆半径 R 存在这样的关系：

$$L = 2R\sin\theta \tag{3.2}$$

将式（3.1）、式（3.2）联立得到这样一个关系式：

$$L = \lambda R/d \tag{3.3}$$

式中 R 与 d 是定值。

因此通过该设计，X 射线波长 λ 的测量，转变为样品到分光晶体距离 L 的测量。分光晶体沿着一定路径移动而连续改变 L 时，探测器可以连续测量接收到的不同波长的 X 射线的强度，然后绘制 L - 强度关系曲线，由公式（3.3），转换为 λ - 强度关系曲线，这就是波谱。

这里有一个问题，就是分光晶体如何移动？有两个设计方案：一种是分光晶体沿着一定的直线路径做直线运动（图 3 - 7）。此时聚焦圆是在移动的。这种波谱仪称为直进式波谱仪；另一种是分光晶体沿着一定的聚焦圆做圆周运动。此时聚焦圆固定不动的。这种波谱仪称为回转式波谱仪。两种波谱仪的工作方式如视频 3 - 2 所示。

视频 3 - 2　波谱仪的两种工作模式

不管分光晶体怎么运动，要时刻保证：分光晶体的晶面与聚焦圆相切，以及分光晶体与试样和探测器的距离相等。因此，对于直进式波谱仪，分光晶体的运动是直线运动和"自转"的合成（图 3 - 7（b））；而对于回转式波谱仪，则是"公转"与"自转"的合成。

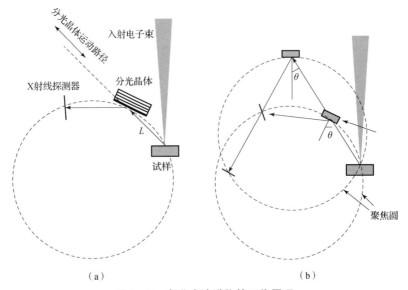

图 3 - 7　直进式波谱仪的工作原理

（a）运动路径；（b）分光晶体的运动方式

能谱仪

能谱仪采用的是一种所谓锂漂移硅探测器。其中最重要的部件是锂漂移硅晶体，它是一个 Li 为施主杂质的 n – i – p 型二极管。该晶体需要在低温下工作，比如液氮冷却环境。

工作过程简单介绍如下：能量为 E 的 X 射线进入探测器，在晶体内产生电子 – 空穴对。在低温条件下，产生一对电子空穴对平均消耗的能量为 3.8 eV，因此能量为 E 的光子产生的电子空穴对的数目 $N = E/3.48$，此数目决定探测器输出的电压脉冲高度。用脉冲处理器对不同高度的电压脉冲计数，其中脉冲数与 X 射线强度有关，然后在显示器上显示脉冲数 – 脉冲高度的关系，这就是 X 射线强度（y）与 X 射线能量（x）的关系曲线，即 X 射线的能谱。

图 3 – 8 是一张能谱仪输出的能谱图。横坐标是 X 射线能量，也对应 X 射线的频率；纵坐标是相应能量的 X 射线强度。这是 X 射线能量或频率的强度分布曲线。每个元素都会在几个特别的能量位置处得到谱峰（该元素的特征峰），因此，峰的能量位置可以用来进行元素的定性分析，峰的高度可以用来进行元素的定量分析。

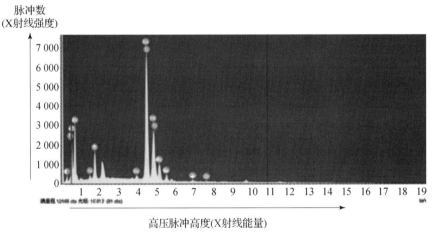

图 3 – 8　能谱图

能谱仪的全称是能谱分散谱仪，英文简称是 EDS，全称是 Energy Dispersive Spectrometer。它除了可以在扫描电镜中使用，也常常安装在透射电子显微镜中。波谱仪全称为波长分散谱仪，英文简称是 WDS，全称是 Wave Dispersive Spectrometer。两者相比，波谱仪除了分析速度较慢之外，在其他方面都有优势，其中突出的优点是有很高的波长分辨率（表 3 – 2）。

表 3-2　波谱仪与能谱仪的性能比较

比较内容	WDS	EDS
元素分析范围	$_4Be \sim _{92}U$	$_4Be \sim _{92}U$
定量分析速度	慢	快
分辨率	高（约 5 eV）	低（约 130 eV）
检测限	10^{-2}（%）	10^{-1}（%）
定量分析准确度	高	低
峰背比（相对比值）	10	1

3.4　背散射电子像

背散射电子是入射电子与原子核相互作用后离开样品的电子。由于与电子相比、原子核很重，因此入射电子与原子核相互作用后能量损失较小，最高能量接近入射电子的能量。不同样品位置的背散射电子强度图就是背散射电子像。背散射电子像与二次电子像一样具有形貌衬度，但同时还具有原子序数衬度。

背散射电子的形貌衬度

具有形貌衬度的原因与二次电子像相同。样品某个位置背散射电子的产额与这个地方"有效激发区域"的体积有关，而有效激发区域体积对形貌比较敏感。倾斜处、尖锐处，背散射电子的有效激发区域的体积较大，因而背散射电子强度较大，则在图像中此处明亮。在平坦的地方，背散射电子有效激发区域体积较小，背散射电子强度较小而显得较暗。

背散射电子像的原子序数衬度

背散射电子的产额还与试样所含元素的原子序数有关。图 3-9 显示样品中元素的原子序数与背散射电子产额之间的关系。可见，随着原子序数的增加，背散射电子产额是逐渐增加的。原因一是，重原子带正电荷多，对入射电子的作用大（吸引力大），表现为对电子的散射能力更强，于是大角度散射电子（包括背散射电子）的数目更多；二是，电子与越重的原子核相互作用后，电子的能量损失会越小（这一点可以根据碰撞的能量守恒与动量守恒原理来解释）。能量损失小，能量就会大，在样品中的穿透能力会更强，穿透深度会更大，因而"有效激发区域"的体积更大。

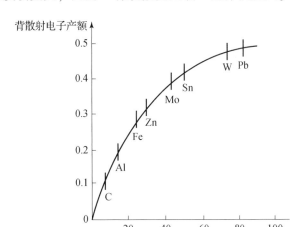

图 3 - 9 原子序数与背散射电子产额之间的关系

由于原子序数衬度，背散射电子像可以显示未腐蚀抛光面的元素分布和相分布，可进行元素定性、定量分析。图 3 - 10 是一张铸造组织抛光表面的背散射电子像。对于样品的抛光表面，如果采用二次电子成像，其图像是没有衬度的。而这里看到的衬度，是成分不同造成的原子序数衬度。图中的亮区是因为此处重原子含量较高，背散射电子强度较大的缘故。

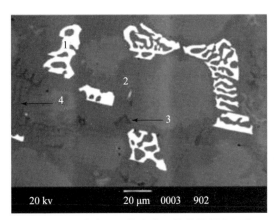

图 3 - 10 铸造组织抛光表面的背散射电子像

背散射电子像在物相区分上也具有突出优势。图 3 - 11（a）、（b）分别是某陶瓷样品的二次电子像和背散射像。可以看到，背散射电子像可以清晰地分辨样品中两种组成相，两种颗粒的形貌上虽然比较接近，但衬度上差别非常大。其中比较亮的颗粒含有较重的元素，比较暗的颗粒含有较轻的元素，这是二次电子像做不到的。

（a）   （b）

图 3 – 11   陶瓷样品的二次电子像（a）与背散射电子像（b）

图 3 – 12 是锡铅镀层的表面图像。其中（a）是二次电子像，（b）是背散射电子像。背散射电子像中存在明暗不同的区域，能够反映重原子铅和锡原子的偏析分布，因而把不同物相区分开。二次电子像则无法做到这一点。

（a）   （b）

图 3 – 12   锡铅镀层的二次电子像（a）与背散射电子像（b）

背散射电子像的分辨率

在成像分辨率方面，背散射电子像比二次电子像低得多。因为与二次电子相比，背散射电子能量高，穿透深度大，导致背散射电子的"有效激发区域"宽度大得多。

图 3 – 13（a）是样品的二次电子像，看起来很清晰（说明有较高的分辨率）。同

样的样品、同样的区域，用背散射电子信号拍摄的像，由于分辨率较低，往往看起来不够清晰。这是因为背散射电子能量很高，穿透能力很强，可以从样品中较深的区域逸出（约为有效作用深度的30%左右）。在这样的深度范围，入射电子已经有了相当宽的侧向扩展，也就是说背散射电子的有效激发区域的宽度很大，所以分辨率低，一般在 500～2 000 nm。

（a）   （b）

图 3－13　样品的二次电子像（a）与背散射电子像（b）的分辨率比较

除了二次电子、背散射电子可以用来成像外，其他信号，比如吸收电子、X 射线等信号，它们的强度也可以用来成像，但是由于这些信号均来自整个电子束的作用区域，有效激发区域宽度更大，使所得扫描像的分辨率更低，一般在 1 000 nm 或 10 000 nm 以上不等。

注意吸收电子像与对应的背散射电子像衬度是相反的，即背散射电子数目越少，吸收电子数目越多（图 3－14）。

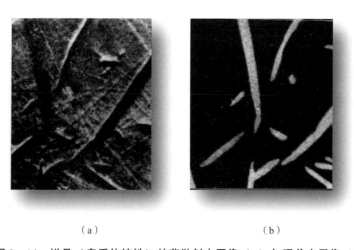

（a）   （b）

图 3－14　样品（奥氏体铸铁）的背散射电子像（a）与吸收电子像（b）

背散射电子像的阴影效应

与二次电子像不同的是，背散射电子像往往有阴影效应。这与背散射电子信号的采集方式有关。

我们知道，二次电子像的成像过程中，探头附近的收集极需要加 + 250 V 的电位（图 3 – 15（b）），这样可以吸引向各个方向发射的二次电子，于是背向探头的样品斜面发射的二次电子也能到达探头。但是背散射电子探头不能这样设计，否则二次电子更容易被吸引到背散射电子探头中，因此会掩盖原子序数衬度，失去该成像方式的优势，也就是失去原子序数衬度。

如图 3 – 15（a）所示，为了预防二次电子到达背散射电子探头，探头的收集极加上 – 50 V 电压。我们知道二次电子的能量大约是 50 eV，这样就能把二次电子排斥在探头之外，但是无法阻拦能量很高甚至接近入射电子能量（几十 keV）的背散射电子的进入。但后果是，只能探测到面向探测器的表面发射的背散射电子，而探测不到背向探头的侧面发射的背散射电子。所以背散射电子像有明显的阴影效应或者说阴影衬度。

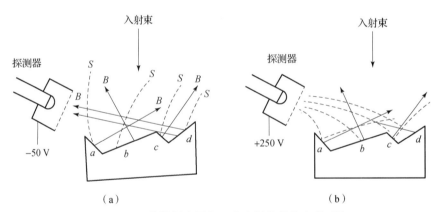

图 3 – 15　背散射电子与二次电子的收集方式对比

（a）背散射电子的收集；（b）二次电子的收集

一个背散射电子探头的成像同时具有形貌衬度和原子序数衬度，这往往不是我们想要的。我们需要将这两种衬度分开。方法就是在试样上方，电子束两侧，对称地安放两个背散射电子探头（如图 3 – 16 所示）。图 3 – 16（a）所示样品的成分均匀而不存在原子序数衬度，两个探头拍摄的图像只有形貌衬度，是形貌像。形貌像中，某些斜面上的背散射电子能到达 A 探头但不能到达 B 探头，或者相反。因此两个探头的形貌像互补。对于互补的形貌像，显然如果将两个探头的信号相加，可以消除这种形貌衬度；如果将它们的信号相减，则可以保留并加强这种形貌衬度。

对于原子序数衬度的像（我们称为成分像），情形正好相反。图 3 – 16（b）所示样品没有表面起伏，但是有成分分布的不均匀。这样的样品，两个背散射电子探头拍摄的成分像是相同的，因此信号相加可以保留并加强成分衬度，相减则消除成分衬度。

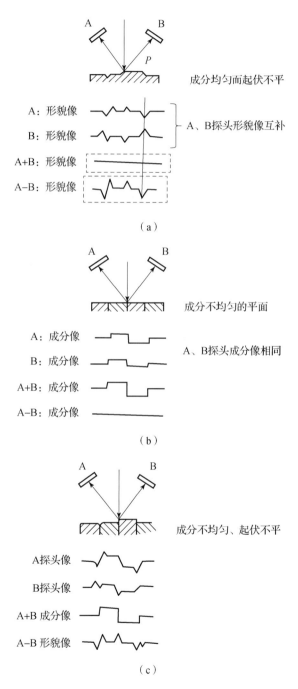

图 3 – 16　背散射像的成分衬度与形貌衬度的分离

对于一般样品，表面起伏不平，成分分布又不均，因而形貌衬度和原子序数衬度兼而有之，例如图 3 – 16（c）的情况。我们则可以将两个探头信号相加，消除形貌衬度而得到纯的成分衬度；两个探头信号相减，消除成分衬度而得到纯的形貌衬度。如此通过信号的加减操作，两种衬度被分开了。

3.5 背散射电子衍射分析（EBSD）

背散射电子衍射——菊池线

除了可以利用不同样品位置的背散射电子强度形成形貌像和成分像之外，还可以利用背散射电子的衍射进行晶体结构和晶体取向分析。如此扫描电镜就有了类似透射电镜的综合分析能力，也就是能同时进行形貌分析和晶体结构分析。而且和透射电镜相比，样品制备更简单，只是分辨率低于透射电镜。要利用背散射电子的衍射进行晶体结构和取向分析，需要另外的附件，即专门的背散射电子探头和 CCD 照相机，以及相应的计算机软硬件（图 3 – 17）。

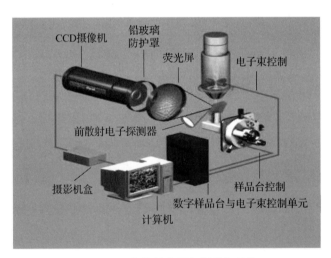

图 3 – 17　背散射电子衍射分析结构

前面讨论的背散射电子像是电子束在样品上逐点扫描的结果，可以看作以样品位置为自变量、背散射电子强度为函数的函数图像。

其实，对于晶体样品，某个位置点产生的背散射电子强度的方向分布也有特征，能在荧光屏上形成特殊的花样，称为菊池花样，它是晶体对背散射电子的衍射花样。

图 3 – 18 显示的是样品上某一位置点的背散射电子的衍射花样。简称 EBSP

（Electron Back Scattering Pattern）。图中可以看到很多平行线对。这些平行线对交汇于一个个中心，看起来呈现放射状。这些线对的产生原理与在透射电镜中观察到的菊池线对相似。

图 3 – 18　背散射电子衍射花样

电子束进入样品中，一些电子与重的原子核相互作用后会发生散射，散射之后能量损失很小，散射的强度与散射角度成反比，就是说散射角越小，散射线强度越高，如图 3 – 19 所示，其中线段长度表示这个方向散射线强度。对于扫描电镜，一般情况下，只有散射角较大的散射电子才能从样品背面发射出来，这些电子称为背散射电子。为了增加背散射电子的强度，可以让样品表面相对于入射线倾斜角度很大（图 3 – 20）。这样做，一是增加了背散射电子的有效激发区域；二是可以让一些散射角较小的散射电子出来（散射角较小，散射电子强度较高）。

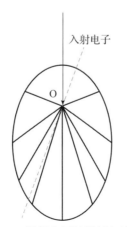

图 3 – 19　散射电子随散射角的变化

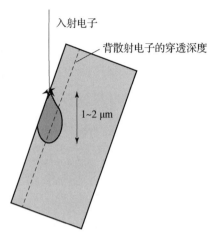

图 3 – 20　EBSD 样品相对于入射束的放置

同样，EBSD 的菊池线包含丰富的晶体学信息。首先，菊池线的取向对晶体取向高度敏感，因而可以精确地反映晶体的取向；其次，菊池线对的间距与相应的晶面间距成反比，可以用来进行物相分析。

图 3 – 21 是扫描电镜拍摄菊池花样的示意图，电子束照射到样品某处，产生的背散射电子在 EBSD 探头的荧光屏上呈现衍射花样图，该图被探头后面的 CCD 记录下来传给计算机进行分析和标定。注意样品表面相对于入射电子束有很大倾角（70°）。样品之所以倾斜 70°左右，是因为倾斜角越大，背散射电子就会越多，形成的 EBSP 花样则越清晰。但过大的倾斜角会导致一些后果，如电子束在样品表面定位不准，样品表面的空间分辨率降低等，故现在的 EBSD 都选择将样品倾斜 70°左右。

图 3 – 21　扫描电镜拍摄菊池花样

通常 EBSD 探头附近安装有 EDS 探头（能谱仪），如图 3 – 22 所示，它可以采集样品中激发的特征 X 射线信号以用于进行元素分析。这样扫描电镜就可以将微区的形貌观察、物相分析（晶体结构分析）以及元素分析结合起来。

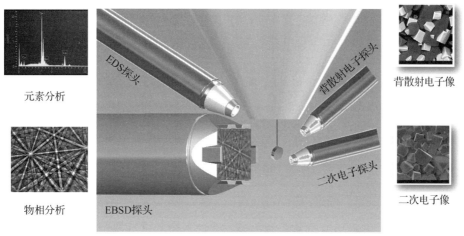

图 3 – 22　扫描电镜的附件

举例如下。图 3 – 23（a）是高温钢试样的扫描电镜二次电子像，图 3 – 23（b）是试样中右侧第二相粒子的菊池花样，图 3 – 23（c）是该第二相粒子的能谱图。通过菊池花样的识别，可以判断第二相为六方结构；而根据能谱图，则说明它含有 Al 和 N 元素。最后该颗粒的鉴定结果是六方结构的 AlN 颗粒。

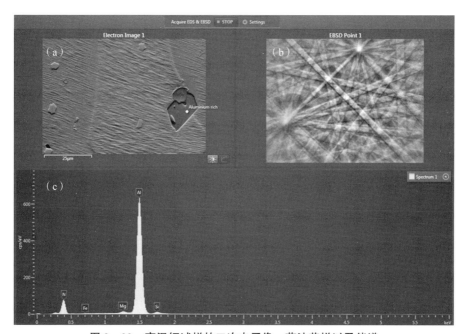

图 3 – 23　高温钢试样的二次电子像、菊池花样以及能谱

视频 3 - 3 展示了面心立方结构的晶体取向和模拟的菊池衍射花样之间的关系。当晶体旋转时，菊池花样也相应地移动。（此菊池花样模拟的是相对于水平方向倾斜了 70° 的样品，晶体的取向是从垂直样品表面方向观察的）。

视频 3 - 3
菊池花样随样品
倾转而变化

知道了菊池线的形成原因，下面的问题就是如何对菊池线进行分析或者说标定。分析内容包括：

● 每对菊池线对的距离。它可以用于计算相应的晶面间距，进而确定物相类型和晶面指数。

● 菊池线对的方位。方即方向，是线对倾斜角度；位，是原点到线对的距离。菊池线对方位可以帮助我们确定晶面的方位（orientation）。

● 菊池线对的交汇点（也就是菊池极）的位置。它可以用于确定晶带轴指数，也可以用于确定晶带轴方向。

首先来看如何根据菊池线对之间的距离确定晶面间距。图 3 - 24 中，O 点是样品中电子入射的位置点，OO' 这是电子入射方向，OA、OB 是图中所示晶面的严格满足布拉格条件的两个散射方向，而 A 处的暗线是散射方向 1 的菊池线，B 处的暗线是散射方向 2 的菊池线。如前所述，两条菊池线的间距 R 与晶面间距 d 满足关系 $Rd = L\lambda$，其中 $L\lambda$ 是常数，于是可根据衍射花样中测出的菊池线对间距 R 算出晶面间距 d 值，然后根据晶面间距 d 值对照相应的数据得到物相种类、晶格类型等信息。

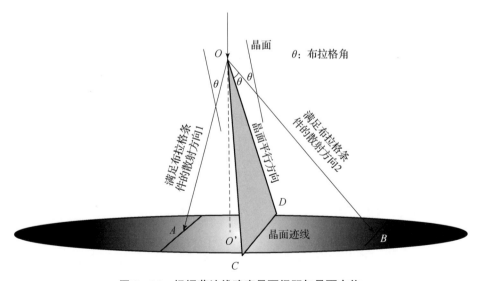

图 3 - 24 根据菊池线确定晶面间距与晶面方位

另外在图 3 – 24 中，*CD* 是菊池线对的中线，也是该晶面的迹线，而 *OCD* 面则是该晶面的取向。这样我们解决了如何根据菊池线对方位确定晶面方位的问题。

最后我们讨论如何根据菊池线对的交汇点（菊池极）位置确定晶带轴或者晶向的指数及其方向。对于晶带轴指数，可以用通过交汇点的任意两个晶面的指数叉乘获得。对于晶带轴方向，实际上就是 *O* 点到荧光屏中交汇点（菊池极）的连线方向。

我们可以利用样品表面每一点的背散射电子的衍射花样为该点配色。基本过程是：首先对样品表面各个位置点逐点拍摄 EBSP；然后分析出各个点的晶体取向，然后根据一定的着色规定对各个晶体取向着色，最后绘出一张电子背散射衍射照片（EBSD）。图 3 – 25 是一张工业纯铁的电子背散射衍射图像。图中可以看到各个尺寸形状不同，颜色也不同的晶粒。某种颜色表示该晶粒具有某种取向。晶粒取向的配色规定将在后面讨论。

图 3 – 25 工业纯铁的电子背散射衍射图像

EBSD 系统的工作原理

下面简单介绍一下 EBSD 系统的组成。系统包括一台扫描电子显微镜和一套 EBSD 系统。EBSD 系统包括一台灵敏的 CCD 摄像仪和一套用来花样平均化和扣除背底的图像软硬件处理系统。基本操作是，首先，样品相对于入射电子束被高角度地倾斜，从样品发射的背散射电子投射到荧光屏，显示背散射电子衍射花样，它是样品某一点向外发射的背散射电子强度的方向分布。荧光屏与一个 CCD 相机相连，相机拍摄到的衍射花样输入计算机，计算机软件程序可对花样进行标定以获得晶体学信息。目前最快的 EBSD 系统每一秒钟可进行 700 ~ 900 个点的测量。

图 3 – 26 是菊池衍射花样的产生与接收示意图。注意样品倾斜角度很大，原因如前所述，是为了得到高强度的背散射电子束。背散射电子由于被样品中晶体的各个晶面的衍射，某些特殊方向的散射强度比较突出，于是这些特殊方向在荧光屏上形成一对一对菊池线对，它们携带物相的晶体结构和取向等方面的信息。

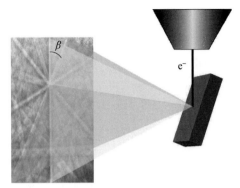

图 3 - 26　菊池衍射花样的产生与接收示意图

下面简单介绍一下 EBSD 系统对菊池花样的标定和晶体取向的计算是如何自动进行的。大致过程如图 3 - 27 所示。首先选定样品位置，采集此处的菊池花样；接下来对花样图像进行去背底、去噪声等处理；处理后进行 Hough 变换得到另外的图像，在该图像中计算机很容易找到菊池花样中各条菊池线的位置和方向；然后进行花样的标定和校正；最后确定晶体取向。

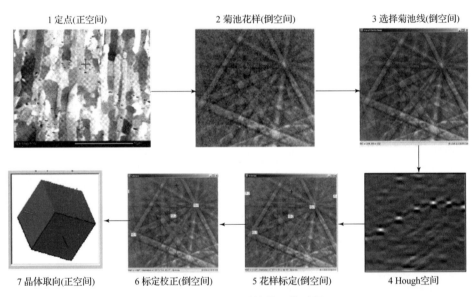

图 3 - 27　EBSD 系统的工作过程

识别菊池线并进行标定是 EBSD 的重要内容之一，这个工作可以利用计算机自动完成。下面我们讨论计算机是如何进行菊池线的识别和标定的。

首先将菊池花样图放在图 3 - 28 （a）所示的直角坐标系中，图的左下角是原点。记下图中每个像素点的位置 (x, y) 和灰度值 C。然后对菊池图的每个像素点，把它的坐标值 (x, y) 代入

$$r = x\cos\theta + y\sin\theta \tag{3.4}$$

该公式称为 Hough 变换公式。用公式中的 r 和 θ 这两个变量建立新坐标系，该坐标系称为 Hough 空间。然后用菊池图中 (x, y) 点的灰度值 C 在 Hough 空间中描绘该公式中 r 与 θ 之间的关系曲线，这是一条正弦曲线。最终 Hough 空间中的图是若干条不同灰度值、不同 (x, y) 参数的正弦曲线的灰度叠加（图 3 - 28（b））。

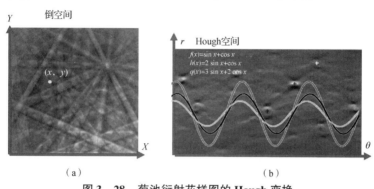

图 3 - 28　菊池衍射花样图的 Hough 变换

（a）菊池花样图；（b）Hough 变换图

Hough 变换可以让菊池图中同一菊池线上的灰度值累加在 Hough 空间的某一点比如 (r_1, θ_1)，从而在这一点有突出的衬度。如图 3 - 29 所示，图中 r_1 是原点到某菊池线（图中黑色直线）的距离，θ_1 是该原点到该菊池线的垂线与 X 轴的夹角。设 (x, y) 是该菊池线上任意点，显然有 $x\cos\theta_1 + y\sin\theta_1 = r_1$。也就是说，对于这条菊池线上各个点 (x, y) 所对应的 hough 空间的一组正弦曲线，都通过这个位置 (r_1, θ_1)。因此，该菊池线每一点的灰度值，都会在 hough 空间的位置点 (r_1, θ_1) 累加起来，因此这一点的亮度会比较突出，如图 3 - 29（b）所示。对于菊池带，在 Hough 空间中则会以一定尺寸的峰（亮斑）出现；菊池带边缘的两条菊池暗线，在 Hough 空间则以亮斑上下的两个黑斑形式出现。

简而言之，EBSD 的 Hough 变换将 XY 空间的一条直线或亮带在 Hough 空间转化为一个点或峰，这样就将 XY 空间中难以解决的线对测量问题转化为比较容易的 Hough 空间的峰位测量。测量 hough 空间的峰位之后，将各个峰位还原为菊池花样的菊池带，然后计算菊池带的交汇点中心的指数，也就是菊池极或晶带轴的指数；并确定花样中菊池极的位置，该位置可以用来确定该晶带轴的方向，从而最终确定晶体的取向。

完成菊池线的识别和标定之后，晶体取向（即晶胞的三个基本方向 [100]、[010]、[001]）也就确定了（图 3 - 30）。下面讨论如何根据样品某位置的晶体取向将样品该位置配色，也就是讨论取向成像的原理。

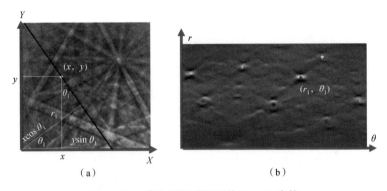

图 3 - 29 菊池衍射花样图的 Hough 变换

(a) 菊池花样图；(b) Hough 变换图

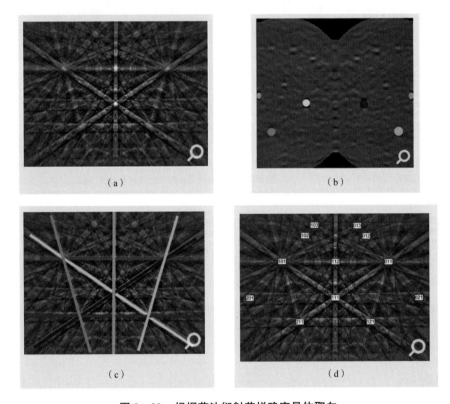

图 3 - 30 根据菊池衍射花样确定晶体取向

为此，首先要将晶体取向进行量化。这又首先涉及样品坐标系和晶体坐标系的选择问题。对于样品坐标系，比如轧制试样，一般采用垂直于轧板表面的方向 ND、轧制方向 RD 和轧制横向 TD 建立样品坐标系。晶体坐标系则是根据该晶体晶胞的三个边长的方向建立坐标系（图 3 - 31）。

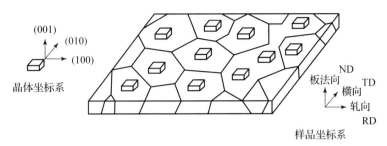

图 3 – 31　晶体坐标系与样品坐标系的确定

　　然后确定晶体坐标系和样品坐标系的数学关系。根据线性代数，两个坐标系的关系用一个矩阵 M 表示，称为取向交换矩阵。例如，对于某个方向，它在晶体坐标系中的指数是 $[UVW]$，而在样品坐标系中的指数是 $[XYZ]$，则两个指数的数学关系是，$[UVW]$ 等于交换矩阵 M 乘以 $[XYZ]$。交换矩阵与三个称为欧拉角的角度有关。三个角度这里分别记为 φ_1、ϕ、φ_2。交换矩阵与欧拉角的数学关系如下：

$$M = \begin{bmatrix} \cos\varphi_1\cos\varphi_2 - \sin\varphi_1\cos\phi\sin\varphi_2 & \sin\varphi_1\cos\varphi_2 + \cos\varphi_1\cos\phi\sin\varphi_2 & \sin\phi\sin\varphi_2 \\ -\cos\varphi_1\sin\varphi_2 - \sin\varphi_1\cos\phi\cos\varphi_2 & -\sin\varphi_1\sin\varphi_2 + \cos\varphi_1\cos\phi\cos\varphi_2 & \sin\phi\cos\varphi_2 \\ \sin\varphi_1\sin\phi & -\cos\varphi_1\sin\phi & \cos\phi \end{bmatrix}$$

　　下面我们讨论欧拉角（φ_1、ϕ、φ_2）的意义（视频 3 – 4）。假设我们要从样品坐标系 XYZ 旋转到晶体坐标系 $X'Y'Z'$。如图 3 – 32 所示，首先，样品坐标系 Z 轴方向不变，坐标系绕 Z 轴旋转，旋转角度为 φ_1（图 3 – 32（a））。此时在 XY 平面上，X 轴方向变为 X_1，Y 轴方向变为 Y_1。然后，X_1 轴方向保持不变，坐标系绕 X_1 轴旋转，旋转角度为 ϕ，使得 Z 轴到达 Z' 轴，此时 Y 轴从 Y_1 到达 Y_2 方向（图 3 – 32（b））。最后，Z' 轴方向不变，坐标系绕 Z' 轴旋转角度为小 φ_2，最终使得 X_1 轴到达 X'，以及 Y_2 轴到达 Y'（图 3 – 32（c））。

视频 3 – 4
欧拉角的意义

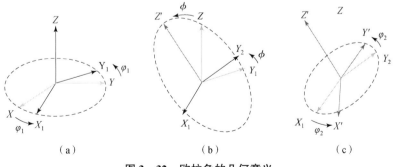

图 3 – 32　欧拉角的几何意义

（a）坐标系绕 Z 轴旋转 φ_1；（b）坐标系绕 X_1 轴旋转 ϕ；（c）坐标系绕 Z' 轴旋转 φ_2

欧拉角数值得到之后，将完成最后一步：样品位置点配色。EBSD 采用的是 RGB（红绿蓝）配色方案。简单来讲就是采用红色、绿色和蓝色为基本颜色，每种基本色的亮度等级为 256 级（数值从 0，1，…，255）。然后将三个欧拉角的数值代入图 3 – 33（a）所示公式，得到三种颜色的亮度等级数值，完成配色。根据上述配色方案，欧拉角与色彩的关系如图 3 – 33（b）所示。

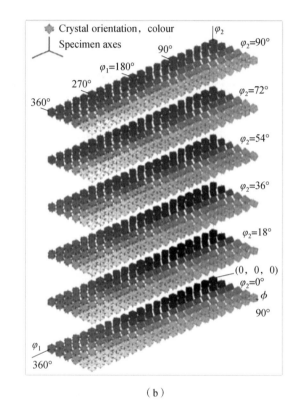

$$Red = 255 \cdot \frac{\varphi_1}{360°}$$

$$Green = 255 \cdot \frac{\phi}{90}$$

$$Blue = 255 \cdot \frac{\varphi_2}{90°}$$

（a）　　　　　　　　　　（b）

图 3 – 33　配色方案

（a）配色公式；（b）欧拉角与色彩的关系

EBSD 的应用

背散射电子衍射分析有如下用途：

1）物相鉴定（依据晶格类型与晶面间距，结合 EDS）；

2）确定晶粒取向（依据晶带轴取向）；

3）微区织构分析（依据晶带轴取向）；

4）晶界（晶界、亚晶及孪晶界）性质的分析（依据晶带轴取向）；

5）晶粒尺寸及形状的分析（依据晶带轴取向）；

6）应变分布测定（菊池花样的清晰程度）。

举例说明如下。

图 3 – 34（a）是一种钢铁样品的 EBSD 分析结果。图中不同颜色表示不同物相。图 3 – 34（b）是基体的菊池花样，标定结果为铁素体相，据此在图中将铁素体相区域配成红色；图 3 – 34（c）是图 3 – 34（a）中这些细小析出相颗粒（蓝色）的菊池花样，标定结果为铬铁碳化物相；图 3 – 34（d）较大的析出相颗粒（黄色）的菊池花样，标定结果是氮化铝相。注意图 3 – 34（a）的配色方案不是依据欧拉角。

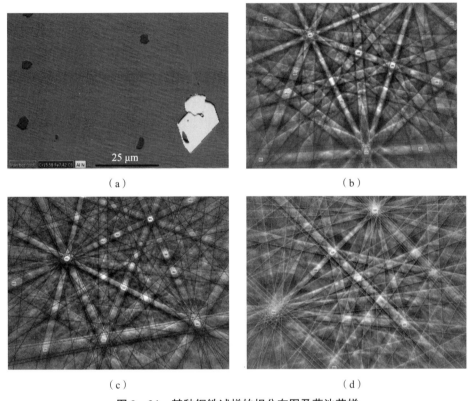

图 3 – 34   某种钢铁试样的相分布图及菊池花样

（a）EBSD 相分布图；（b）红色区域的菊池花样；（c）蓝色区域的菊池花样；（d）黄色区域的菊池花样

图 3 – 35 是双相钢样品的 EBSD 相分布图。组织中含有用红色表示的奥氏体和用蓝色表示的铁素体；还有两种金属间化合物：用黄色表示的 Sigma 相和用绿色表示的 Chi 相。这些金属间化合物会明显降低材料的机械性能和耐腐蚀性能。因此，确定它们的分布和含量非常重要。右图是各种相所占比例的分析结果。注意这里的配色方案也不是依据欧拉角。

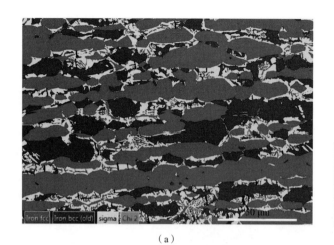

Phase	Color	Fraction (%)
Iron fcc		52.22
Iron bcc (old)		27.38
sigma		18.87
Chi 2		0.92
Zero Solutions		0.61

（a）　　　　　　　　　　　　　　　　　　　　　（b）

图 3 – 35　某双相钢试样的 EBSD 相分布图

（a）EBSD 相分布图；（b）根据 EBSD 数据确定各物相所占比例

图 3 – 36 是依据欧拉角进行配色的单相钢中晶粒形貌图。可以据此利用计算机进行晶粒尺寸及形状分析。

250 μm

图 3 – 36　某单相钢试样的取向分布图

图 3 – 37 是一张物相分布图，白色是铁素体相，红色是奥氏体相。其中不同性质的晶界用不同颜色表示。其中 2°～10° 的小角度晶界用绿色表示，高于 10° 的大角晶界用黑色表示。它显示了铁素体的单个晶粒结构和亚结构。

EBSD 可以对多晶体材料进行织构分析。所谓织构，指的是多晶体中晶粒的择优取向。一般的多晶体材料中，各个晶粒的取向是随机无序的。如果出现某种有序（即织构），则会引起材料性能的各向异性。图 3 – 38 是一张显示铅黄铜样品中 β 黄铜相晶粒的织构的照片，用所谓 IPF – Z 分布图表示。IPF – Z 即试样 Z 向（比如拉伸方向）的反极图。图中的颜色表示试样坐标系的 Z 向在晶体坐标系中的取向。

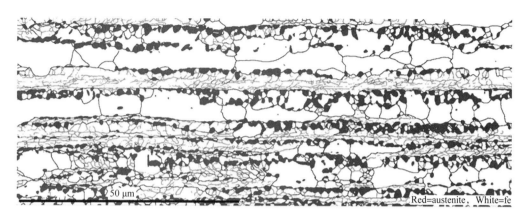

图 3 – 37　铁素体的晶粒结构与亚结构

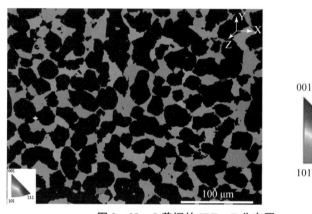

图 3 – 38　β 黄铜的 IPF – Z 分布图

图 3 – 38 右边的三角形显示样品某个方向在晶体坐标系中的取向与颜色的关系，三角形中的 101、111、001 表示极射赤道平面投影图的三个晶向族。极图中的颜色分布表示配色方案，该方案以绿、蓝、红为三原色，如果样品的 Z 向越靠近 < 101 > 族晶向，绿色成分越多；越靠近 < 111 > 族晶向，蓝色成分越多；越靠近 < 001 > 族晶向，红色成分越多。在这张在 β 黄铜相的 IPF – Z 分布图中，β 相晶粒大部分都偏绿色，说明 β 相晶粒有择优取向，大多数 β 相晶粒的 < 101 > 族晶向近似平行于样品的 Z 轴方向。

下面对极图和反极图做一个简单介绍。我们在做织构分析的时候，特别关注晶粒取向和样品取向之间的关系。这将涉及一个问题：如何在一个平面上表示三维空间的方向。一个方法就是用极射赤道平面投影，简称极射赤面投影。下面对此做一个简单介绍。如图 3 – 39 所示，首先，我们以 XYZ 坐标系的原点 O 为球心构建一个球；该坐标空间的任意某个方向，可以用从原点出发平行于该方向的射线与球面的交点表示，

如 OA 方向，用球面上的点 A 表示；

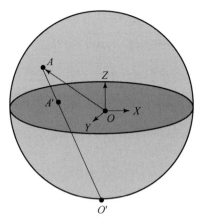

图 3 – 39　极射赤道平面投影

球面上选择一个合适的位置，如图中的 Z 轴反方向穿过球面的交点位置 O'。如果把球看作地球，O' 点看作地球南极，XY 平面就是地球赤道平面，称为极射赤道平面。然后连接 $O'A$ 做一条直线，它与极射赤道平面的交点为 A'。A' 点就是球面上 A 点在极射赤道平面上的投影，我们用它代表 OA 方向。这种在极射赤道平面上表示空间方向的方法称为极射赤道平面投影法。极射赤道平面投影法只能显示一半的空间方向，如图中北半球的空间方向。南半球的空间方向则需要选择北极做 O' 点。通常北半球的投影点用圆点符号 "." 表示，南半球的投影点用符号 × 表示。

极图与反极图都采用极射赤道平面投影法。极图是将晶体坐标系的方向（包括晶向或晶面法向）投影到样品坐标系构建的极射赤道平面中。如图 3 – 40 所示 {100} 晶面族极图，它的极射赤道平面是样品坐标系 XYZ 所构建的（其中 Z 向垂直于我们的屏幕）。图上的点，则是样品中各个晶粒的所有 100 族晶面的法向的投影点。如果样品的织构简单、明显，我们可以采用极图，它可以全面反映织构信息。但是织构复杂或者不明显，则更适合采用反极图。

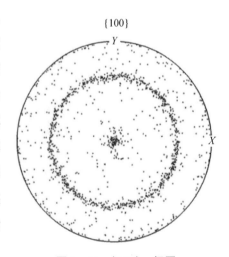

图 3 – 40　{100} – 极图

反极图则是将样品坐标系的某个方向投影到晶体坐标系构建的极射赤道平面中。图 3 – 41 所示 X – 反极图，它的极射赤道平面是晶体坐标系所构建（这里，100 晶向在上顶点，010 晶向在右顶点，001 晶向在中心）。

图上的点是样品的 X 方向（如轧制平面的法向）在样品中各个晶粒的晶体坐标系构建的极射赤道平面上的投影点。反极图特别适合样品中各个晶粒的某一族晶向近似平行的情况，也就是所谓丝织构的情况。丝织构在单向拉拔工艺的材料中经常出现。反极图原理可参考视频 3 – 5①。

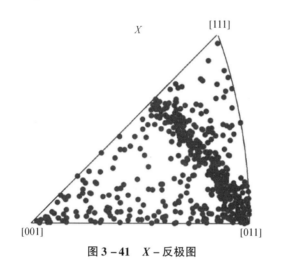

图 3 – 41　X – 反极图

对于反极图，由于晶体的对称性特点，只需要取极射赤道平面中的一个三角形就可以表示全部取向，如立方晶系取 001、011、111 晶向或者晶面这三点构成的三角形区域。

最后讨论如何利用菊池花样进行应变测量。对于一个晶区，如图 3 – 42、图 3 – 43 所示，如果晶体完整，它会具有清晰的菊池花样。变形后，晶体缺陷将导致菊池花样变得模糊。EBSD 可以将花样的清晰程度定量化，由此可以确定变形程度（应变）大小。

图 3 – 42　Ni 的典型 EBSD 花样

---

①　视频 3 – 5：https://www.bilibili.com/video/BV143411N7tp？ t = 0.0

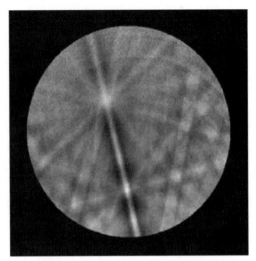

图 3 – 43　变形钛合金的 EBSD 花样

3.6　扫描电子显微镜的样品制备与上机操作

扫描电子显微镜也是一种大型的综合性科研设备，对观测样品有一定要求，相关内容可观看视频 3 – 6[①]。扫描电镜基本上机操作过程可观看视频 3 – 7[②]。

---

① 视频 3 – 6：https://www.bilibili.com/video/BV1Ub4y1Q73N？t = 0.0
② 视频 3 – 7：https://www.bilibili.com/video/BV1NK4y1S7ws？t = 0.0

附　　录

Digital Micrograph 简介

Digital Micrograph 是一个用于透射电镜数据采集和分析的软件，它由美国 Gatan 公司研发。在电子显微学界，Gatan Digital Micrograph（DM）是一个为人皆知的软件。DM 具有采集图像，图像处理和分析，数据管理和报告打印等多种功能。

DM 软件处理的文件为 DM 文件，其后缀名为 . dm3（或 . dm4）。一个 DM 文件包含的信息很多，基本包含样品在拍摄电镜时的所有信息，甚至可以查看拍摄时电镜的倾转角度，如附图 1 所示。

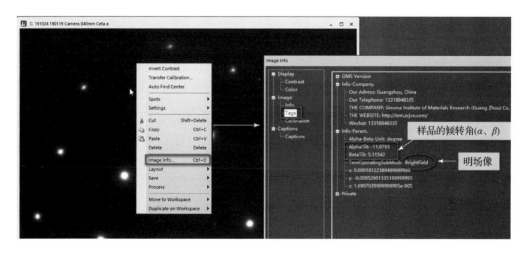

附图 1　DM 文件

DM 也能打开和处理一般的图片格式，如附图 2 所示。

附图 2　DM 可处理的图片类型

DM 软件能够对 DM 文件格式的图片进行直接测量和分析，而对于一般图片格式，需要利用图片中的标尺进行处理标定以后，才能进行测量和分析。

网络上关于 DM 软件的介绍比较多，推荐视频附1[①] 和视频附2。

视频附 2　DM 基本应用

Carine 晶体学分析软件

Carine 是由法国 Divergent 于 1989 年开发的。这个软件最初就是为了初学者学习晶体三维结构而设计，因此它非常适于本科生晶体学的基础教学应用。由于它功能全面、使用简单等优点，在科学研究中也得到了广泛应用。该软件可以利用点阵常数、原子坐标和晶体结构所属空间群等信息，采用多种方法建立三维晶体结构；可以对晶体结构进行编辑，包括晶体结构的三维扩展，增减原子，沿特定方向投影；可以测量或计算不同的原子间距、晶向和晶面夹角等。在晶体结构基础上可以构造相应的极射投影图和倒易点阵结构，模拟电子衍射花样和 X 射线衍射图。这些晶体学图像可以绕任意指定晶向旋转，从而便于观察和理解晶体的三维结构特征。

Carine 软件使用教程与基本用途可参考以视频附3：

视频附 3　Carine 基本教程

---

① 视频附 1：https://www.bilibili.com/video/BV1Mg41187Hi？t=0.0

参 考 文 献

［1］董全林，蒋越凌，王玖玖，等. 简述透射电子显微镜发展历程［J］. 电子显微学
报，2022，41（06）：685 − 688.

［2］谢书堪. 中国透射式电子显微镜发展的历程［J］. 物理，2012，41（06）：401 −
406.

［3］叶飞，赵杰，王清，等. CaRIne 软件在晶体学基础教学中的应用［J］. 中国现代
教育装备，2017（23）：36 − 38.

［4］黄孝瑛. 电子显微镜图像分析原理与应用［M］. 北京：宇航出版社，1989.

［5］柳得橹，权茂华，吴杏芳. 电子显微分析实用方法［M］. 北京：中国质检出版
社，2018.

［6］杨玉林. 材料测试技术与分析方法［M］. 哈尔滨：哈尔滨工业大学出版社，2014.

［7］王富耻. 材料现代分析测试方法［M］. 北京：北京理工大学出版社，2006.

［8］章晓中. 电子显微分析［M］. 北京：清华大学出版社，2006.